MATLAB 简明实例教程

主　编　于广艳　吴和静
副主编　张尔东　王　强

东 南 大 学 出 版 社
·南京·

内 容 简 介

　　MATLAB7.0 是美国 MathWorks 公司开发的优秀计算软件,自20 世纪80 年代面世以来,以其强大的数值计算功能、绘图功能和高效的编程能力在众多的数学计算软件中独领风骚,受到广大读者的青睐。

　　本书按照由浅入深、循序渐进的原则进行编写,全书理论充实,实例丰富,编排适当,图文并茂。在讲清楚基础知识后,结合大量的实例介绍 MATLAB 的功能与应用。全书的主要内容包括 MATLAB 内容简介、MATLAB 的应用基础与数值计算、MATLAB 程序设计基础、MATLAB 图形绘制、MATLAB 的 GUI 程序设计、MATLAB 在信号类课程中的典型应用与实例解析、MATLAB 在拟合与插值中的应用、MATLAB 在数字图像处理中的应用、MATLAB 仿真与应用。

　　本书既可作为高校理工科学生、研究生学习的教材,也可供科学研究工作者、工程技术人员阅读使用。

图书在版编目(CIP)数据

　　MATLAB 简明实例教程 / 于广艳,吴和静主编. —南京:东南大学出版社,2016.1(2021.7 重印)

　　ISBN　978 - 7 - 5641 - 6188 - 0

　　Ⅰ.①M… 　Ⅱ.①于…②吴… 　Ⅲ.①Matlab 软件-教材
Ⅳ.①TP317

　　中国版本图书馆 CIP 数据核字(2015)第 294719 号

MATLAB 简明实例教程

出版发行	东南大学出版社
社　　址	南京市四牌楼 2 号
网　　址	http://www. seupress. com
出 版 人	江建中
责任编辑	姜晓乐(joy_supe@ 126. com)
经　　销	全国各地新华书店
印　　刷	江苏凤凰数码印务有限公司
开　　本	787 mm×1092 mm　1/16
印　　张	13
字　　数	325 千
版 印 次	2016 年 1 月第 1 版　2021 年 7 月第 2 次印刷
书　　号	ISBN　978 - 7 - 5641 - 6188 - 0
定　　价	36.00 元

　　本社图书若有印装质量问题,请直接与营销部联系. 电话(传真):025 - 83791830

前　言

本书以快速入门和实用性为原则,用通俗易懂的语言和大量实用的例子,介绍 MATLAB 的应用,内容涉及 MATLAB 的基本概念和功能、基本运算、基本命令窗口的应用、图形应用、M 文件、Simulink 以及 GUI 的应用等。并用一定的篇幅介绍了 MATLAB 在其他学科中的应用,包括信号类课程、图像处理以及在线性插值中的应用等。

本书注重简单实例的应用,使学生在学习过程中对 MATLAB 产生兴趣。本书把教学中贴近学生实际应用的实例整合到 MATLAB 所包含的各个模块中,比如数值计算、图形应用、GUI、Simulink、M 文件等,让学生通过操作实例执行出结果,并能够举一反三,尽快掌握要领。本书讲解详细,有丰富的例题和详尽的操作指导,为学生提供了一本贴近实际应用、通俗易懂的教材,不仅可以作为大中专学生以及研究生入门级教程,也可作为相关工程技术人员的自学书籍。

本书由哈尔滨石油学院与黑龙江东方学院两所院校的教师合作编写而成。其中第 1、9 章由于广艳编写,第 6、8 章由吴和静编写,第 2 章由于广艳与张尔东编写,第 4、5 章由吴和静与王强编写,第 7 章由王强编写,第 3 章由吴和静与张尔东编写。由于时间仓促和水平有限,书中难免有不妥之处,敬请广大读者批评指正。

编者
2015 年 3 月

目　　录

1

MATLAB 语言简介

1.1 MATLAB 语言概述

MATLAB 是由美国 MathWorks 公司发布的,主要面对科学计算、可视化以及交互式程序设计的高科技计算环境。它将数值分析、矩阵计算、科学数据可视化以及非线性动态系统的建模和仿真等诸多强大功能集成在一个易于使用的视窗环境中,为科学研究、工程设计以及必须进行有效数值计算的众多科学领域提供了一种全面的解决方案,并在很大程度上摆脱了传统非交互式程序设计语言(如 C、Fortran)的编辑模式。MATLAB 因其强大的功能和诸多优点,在各个学科和领域得到了广泛的应用。

1.1.1 MATLAB 语言的产生及发展

MATLAB 的名称是矩阵(Matrix)和实验室(Laboratory)这两个英文单词的前三个字母的组合。

20 世纪 70 年代中期,Cleve Moler 博士和其同事在美国国家科学基金的资助下开发了调用 EISPACK 和 LINPACK 的 FORTRAN 子程序库。EISPACK 是特征值求解的 FORTRAN 程序库,LINPACK 是解线性方程的程序库。在当时,这两个程序库代表矩阵运算的最高水平。20 世纪 70 年代后期,身为美国 New Mexico 大学计算机系主任的 Cleve Moler,在给学生讲授线性代数课程时,发现学生用 FORTRAN 编写接口程序很费时间,于是他开始自己动手,利用业余时间为学生编写 EISPACK 和 LINPACK 的接口程序。Cleve Moler 给这个接口程序取名为 MATLAB,这也许就算是 MATALB 的第一个版本。在以后的数年里,MATLAB 在多所大学里作为教学辅助软件使用,并作为面向大众的免费软件广为流传。

1983 年春天,Cleve Moler 到 Stanford 大学讲学,MATLAB 深深地吸引了工程师 John Little。John Little 敏锐地觉察到 MATLAB 在工程领域的广阔前景。同年,他和 Cleve Moler、Sieve Bangert 一起,用 C 语言开发了第二代专业版。这一代的 MATLAB 语言同时具备了数值计算和数据图示化的功能。

1984 年,Cleve Moler 和 John Little 成立了 MathWorks 公司,正式把 MATLAB 推向市场,并继续进行 MATLAB 的研究和开发。

1993 年,MathWorks 公司推出了 MATLAB 的 4.0 版本,系统平台由 DOS 改为 Windows,推出了功能强大的、可视化的、交互环境的、用于模拟非线性动态系统的工具 Simulink。至此，MathWorks 公司使 MATLAB 成为国际控制界公认的标准计算软件。

1997 年，MathWorks 公司推出了 MATLAB 5.0 版本，紧接着产生了 MATLAB 5.1、MATLAB 5.2 版本，至 1999 年发展到 MATLAB 5.3 版本。

时至今日，经过 MathWorks 公司的不断完善，MATLAB 已经发展成为适合多学科、多种工作平台的，功能强劲的大型软件。在国外，MATLAB 已经经受了多年考验。在欧美等高校，MATLAB 已经成为线性代数、自动控制理论、数理统计、数字信号处理、时间序列分析、动态系统仿真等高级课程的基本教学工具，成为攻读学位的大学生、硕士生、博士生必须掌握的基本技能。

MATLAB 当前推出的最新版本是 MATLAB 7.0 版本（R14）。

1.1.2　MATLAB 语言的特点及开发环境

1）MATLAB 的特点

一种语言之所以能如此迅速地普及，显示出如此旺盛的生命力，是由于它有着不同于其他语言的特点。正如同 FORTRAN 和 C 等高级语言使人们摆脱了需要直接对计算机硬件资源进行操作一样，被称作第四代计算机语言的 MATLAB，利用其丰富的函数资源，使编程人员从繁琐的程序代码中解放出来。MATLAB 最突出的特点就是简洁，MATLAB 用更直观的、符合人们思维习惯的代码，代替了 C 和 FORTRAN 语言的冗长代码。具体地说，MATLAB 主要有以下特点：

（1）语言简洁紧凑，使用方便灵活，库函数极其丰富

MATLAB 程序书写形式自由，利用其丰富的库函数避开繁杂的子程序编程任务，压缩了一切不必要的编程工作。由于库函数都由本领域的专家编写，用户不必担心函数的可靠性。

（2）运算符丰富

由于 MATLAB 是用 C 语言编写的，MATLAB 提供了和 C 语言几乎一样多的运算符，灵活使用 MATLAB 的运算符将使程序变得极为简短。

（3）结构化的控制语句

MATLAB 包括具有结构化的控制语句，如 for 循环、while 循环、break 语句和 if 语句，并且具有面向对象编程的特性。

（4）语法限制不严格，程序设计自由度大

在 MATLAB 里，用户无需对矩阵预定义就可使用。

（5）程序的可移植性很好

基本上不做修改就可以在各种型号的计算机和操作系统上运行。

（6）MATLAB 的图形功能强大

在 FORTRAN 和 C 语言里，绘图都很不容易，但在 MATLAB 里，数据的可视化非常简单。MATLAB 还具有较强的编辑图形界面的能力。

（7）丰富的内部函数和工具箱

MATLAB 包含两个部分：核心部分和各种可选的工具箱。核心部分中有数百个核心内部函数，其工具箱又可分为两类：功能性工具箱和学科性工具箱。功能性工具箱主要用来扩充其符号计算功能、图示建模仿真功能、文字处理功能以及与硬件实时交互功能，功能性工具箱能用于多种学科。而学科性工具箱是专业性比较强的，如 control、toolbox、signal processing toolbox、communication toolbox 等。这些工具箱都是由该领域内的学术水平很高的专家编写的,所以用户无需编写自己学科范围内的基础程序,可直接运用工具箱进行高、精、尖的研究。

(8) MATLAB 的缺点

和其他高级程序相比,MATLAB 程序的执行速度较慢。由于 MATLAB 的程序不用编译等预处理,也不生成可执行文件,程序为解释执行,所以速度较慢。

2) MATLAB 的开发环境

MATLAB 是一种集成了数值计算、数据可视化和程序设计的多功能高级语言。程序编写过程与数学推导过程均采用用户习惯的数学推导、描述的方法,因此程序编写更加直观方便。

MATLAB 主要应用于数值计算、算法开发、数学建模、应用仿真、数据分析及可视、工程绘图以及应用开发等方面。MATLAB 以数组和矩阵为基本计算元素,主要包括 MATLAB 语言、MATLAB 工作环境、MATLAB 句柄图形控制系统、MATLAB 数学函数库、MATLAB 工具箱和 MATLAB 应用程序接口 6 大部分。

1.2 MATLAB 7.0 的安装、启动与退出

由于 MATLAB 7.0 具有强大的数值计算功能,其对运行环境有一定的要求,安装过程与一般程序的安装过程类似。下面介绍 MATLAB 7.0 的安装方法。

1) MATLAB 7.0 对系统软、硬件资源的要求

安装 MATLAB 7.0 时,须满足的一定的系统软件、硬件资源要求。

(1) 软件环境

软件环境如下:

① 操作系统为 Windows 98/NT/2000/XP/2003 等版本。

② 浏览器应为 Netscape Navigator 4.0a 及更高版本或 Microsoft Internet Exploer 4.0 及更高版本。

③ 要安装运行 MATLAB Notebook、MATLAB Excel Builder、Excel Link、Database Toolbox 和 MATLAB Web Server,需要安装 Microsft Word 8.0(Office 97)、Office 2000 或 Office XP 等。

④ 要实现 API,需要预先安装 Compaq Visual Fortran 5.0、6.1 或 6.6,Microsoft Visual C/C ++5.0、6.0 或 7.0,或者安装 Borland C/C ++5.0 或 5.02,Borland C ++ Builder3.0、4.0、5.0或 6.0,Watcom version 10.6/11 或者 LCC 2.4。

⑤ 为了能够阅读和打印软件所附带的 PDF 格式的帮助信息,需要安装 Adobe Acrobat Reader 3.0 或更高版本。

(2) 硬件环境

硬件环境如下:

① 计算机的 CPU 为 Pentium、Pentium Por、PentiumII、PentiumIII、Pentium4、Xeon PIII、AMD Athlon、AMD Athlon XP 等,最好是 PentiumIII 或以上版本。

② 内存至少 128MB,推荐在 256MB 以上。

③ 硬盘至少有 2GB 以上的剩余空间。

④ 显卡最小为 8 位图形适配器,并在 256 色以上。

⑤ CD 光驱至少为 20 倍速以上。

2) MATLAB 7.0 的安装过程

Windows 7 作为微软发布的新一代的操作系统,凭借其稳定、安全、易操作等多种优势性能,受到众多用户的青睐。如今,已逐渐取代 Windows XP,成为众人使用的对象。对于 MATLAB 7.0 的安装过程,本书以 Windows 7 系统为例来讲解。

(1) 直接解压缩文件(注意:最好是在 D 盘根目录下面解压)

在解压的文件夹里面找到 setup. exe 这个文件,双击该文件(文件图标如图 1-1 所示)即可进行安装。

setup.exe   2004/4/17 15:13   应用程序   384 KB

图 1-1

(2) 双击 setup. exe 文件后,会出现图 1-2 所示的选择安装选项对话框。先点击 Install,然后点击 Next。

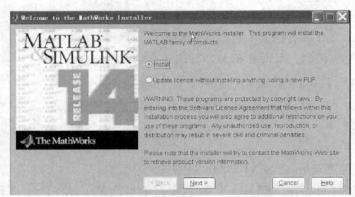

图 1-2

(3) 点击 Next 后会出现图 1-3 的对话框。

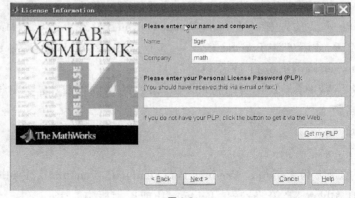

图 1-3

在 Name 和 Company 栏填入姓名和公司名(可随意填写),第三行需要输入注册号,按照提示将序列号填入即可,然后点击 Next 进行下一步。

(4) 出现如图 1-4 所示的对话框,先选中 Yes,表示阅读并同意软件协议的条款,然后点击 Next。

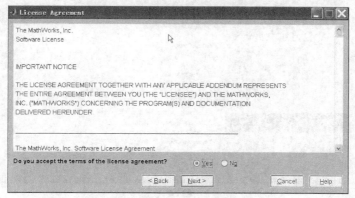

图 1-4

(5) 如图 1-5 所示,出现选择安装类型对话框,点击 Typical 选择典型形式,然后点击 Next。

图 1-5

(6) 如图 1-6 所示,系统默认是安装在 C 盘下的 MATLAB 文件夹下,点击 Next。

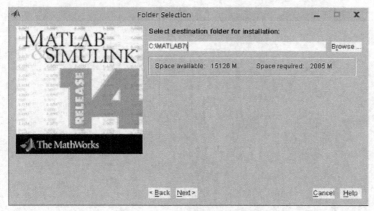

图 1-6

（7）弹出文件夹选择对话框，点击 Yes，然后点击 Next。

（8）如图 1-7 所示，出现确认安装软件包和安装位置对话框，点击 Install。

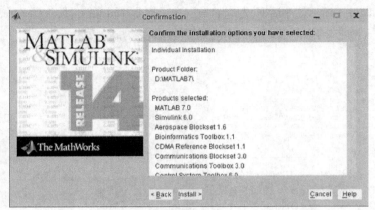

图 1-7

（9）图 1-8 为安装过程对话框，系统会自动完成安装，安装过程大概在 10 分钟左右。

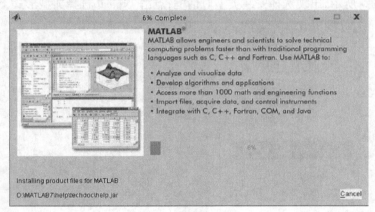

图 1-8

若安装到 97％左右时出现如图 1-9 所示对话框，请点击 Yes to All；若不出现该对话框，则直接进行下一步操作。

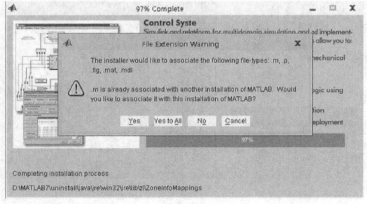

图 1-9

（10）出现如图 1-10 所示对话框，点击 Next。

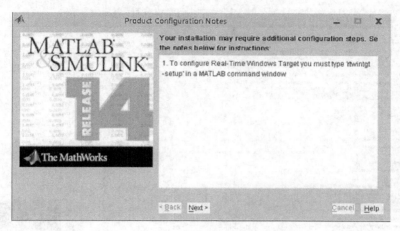

图 1-10

（11）出现图 1-11 所示安装完成对话框，点击 Finish。

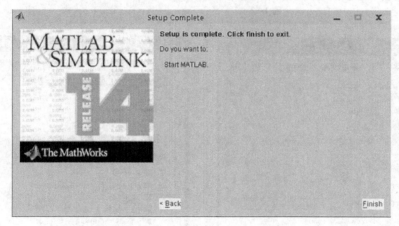

图 1-11

（12）在 Windows 7 下安装会弹出如图 1-12 所示的提示错误的对话框。此时，关掉这两个对话框。（注意：Windows XP 不会出现这个错误提示对话框）

（13）在桌面上找到 MATLAB 快捷方式图标，如图 1-13 所示，将光标移动到该快捷方式，单击右键打开该快捷方式的"属性"对话框，如图 1-14 所示，点击"兼容性"，出现图 1-15 所示的对话框。

（14）在"以兼容模式运行这个程序"前面打钩，并在下面的下拉框选择"Windows Vista (Service Pack 1)"，最后点击"确定"，完成 MATLAB 7.0 的安装过程。此时，双击桌面上的 MATLAB 7.0 快捷方式图标（图 1-13），即可运行 MATLAB 软件。

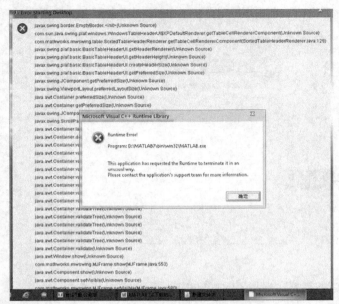

图 1-12　　　　　　　　　　　　　　　　　　　图 1-13

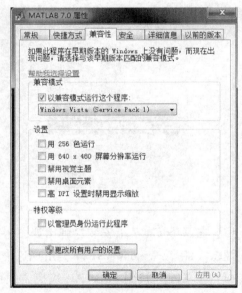

图 1-14　　　　　　　　　　　　　　　　　　　图 1-15

3）MATLAB 7.0 的启动过程

安装并重新启动计算机后，就可以运行 MATLAB 7.0 系统了，如图 1-16 所示。

启动 MATLAB 系统常见的方法有 3 种：

（1）单击 Windows 开始菜单，选择 MATLAB 7.0 即可启动 MATLAB 系统。

（2）运行 MATLAB 系统安装程序 setup.exe。

（3）如果用户在桌面上建立了快捷方式，可以双击此快捷方式启动 MATLAB 系统。

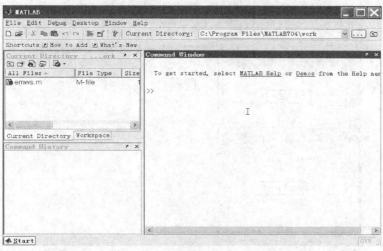

图 1-16

4）MATLAB 7.0 的退出

退出 MATLAB 系统常见的方法有 3 种：

（1）在 MATLAB 主窗口 File 菜单中选择 Exit MATLAB 命令。

（2）在 MATLAB 命令窗口输入 exit 或 quit 命令。

（3）单击 MATLAB 主窗口的"关闭"按钮。

1.3 MATLAB 7.0 的工作界面

MATLAB 7.0 为用户提供了全新的桌面操作环境，了解并熟悉这些桌面操作环境是使用 MATLAB 的基础。MATLAB 的操作界面包括多个窗口，其中标题为 MATLAB 的窗口称为 MATLAB 主窗口，此外还有命令窗口（Command Window）、工作空间窗口（Workspace）、命令历史窗口（Command History）和当前工作目录窗口（Current Directory）。这些窗口都可以内嵌在 MATLAB 主窗口中，组成 MATLAB 的操作界面。此外，在 MATLAB 主窗口的左下角，还有一个 Start 按钮。

打开 MATLAB 主界面后，即能看到主菜单栏和工具栏，主菜单栏的各菜单项及多个窗口，如图 1-17 所示。

1）主窗口

MATLAB 主窗口是 MATLAB 的主要操作界面，主窗口除了嵌入一些子窗口外，还主要包括主菜单栏和工具栏。

MATLAB 的主菜单栏包括 6 个菜单项，其中 File 菜单可实现有关文件的操作；Edit 菜单用于命令窗口的编辑操作；Debug 菜单用于程序调试；Desktop 菜单用于设置 MATLAB 集成环境的显示；Window 菜单用于关闭所有打开的编辑器窗口或选择活动窗口；Help 菜单用于提供帮助信息。

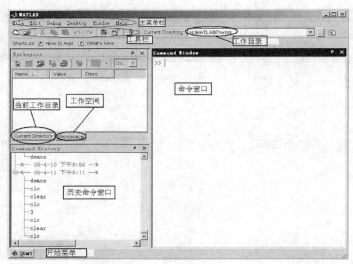

图 1-17

MATLAB 的工具栏提供了一些命令按钮和一个当前路径列表框,这些命令按钮都有对应的菜单,但比菜单命令使用起来更快捷、方便。

2)命令窗口(Command Window)

该窗口是 MATLAB 的主要交互窗口,用于输入命令并显示除图形以外的执行结果。命令窗口不仅可以内嵌在 MATLAB 的工作界面中,而且还可以独立窗口的形式浮动在界面上,如图 1-18 所示。

MATLAB 命令窗口中的">>"为命令提示符,表示 MATLAB 处于准备状态。

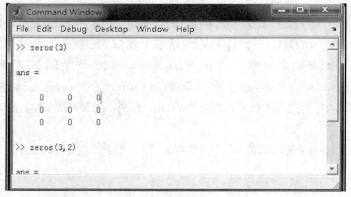

图 1-18

3)历史命令窗口(Command History)

该窗口记录了历史命令输入的时间和详细情况,方便用户随时查看和调用历史命令。用户可以双击该窗口中的命令再次运行历史命令。如果要清除这些历史记录,可以选择 Edit 菜单中的 Clear Command History 命令。历史命令窗口可以内嵌在 MATLAB 主窗口的右下部,也可以浮动在主窗口上,浮动的历史命令窗口如图 1-19 所示。

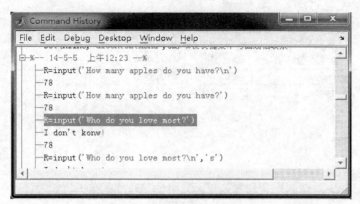

图 1-19

4）当前目录窗口（Current Directory）

当前目录是指 MATLAB 运行时的工作目录,只有在当前目录或搜索路径下的文件、函数才可以被运行或调用。若没有特殊说明,数据文件也将存放在当前目录下。当前目录窗口可以内嵌在 MATLAB 的主窗口中,也可以浮动在主窗口上,浮动的当前目录窗口如图 1-20 所示。

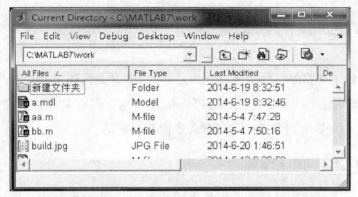

图 1-20

5）工作空间窗口（Workspace）

工作窗口是 MATLAB 用于存储各种变量和结果的内存空间,该窗口是 MATLAB 集成环境的重要组成部分,它与 MATLAB 命令窗口一样,不仅可以内嵌在 MATLAB 的工作界面,还可以以独立窗口的形式浮动在界面上,浮动的窗口如图 1-21 所示。（注:工作空间的本质是暂时存储计算机在 MATLAB 系统运行过程中的所有变量,退出 MATLAB 系统后,暂存的所有变量自动清除）

除上面所列的几大窗口外,MATLAB 系统还有以下 4 个常用窗口,这 4 个窗口是在主菜单的 File/New 中,可根据需要进行选择。M 文件编辑/调试器窗口（M-File）,用于程序文件的编写与调试;图形文件编辑窗口（Figure）,用于对图形文件的编辑与显示;用户图形界面设计窗口（GUI）,用于对图形界面进行设计;仿真模型编辑窗口（Model）,用于对仿真模型的编辑与仿真。

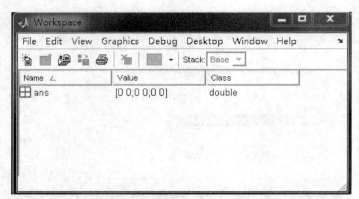

图 1-21

6）Start 按钮

在 MATLAB 主窗口的左下角还有一个 Start 按钮，单击该按钮会弹出一个菜单，选择其中的命令可以快速访问 MATLAB 的各种工具和查阅 MATLAB 包含的各种资源。

1.4　MATLAB 的帮助系统

MATLAB 提供了丰富的帮助功能，通过软件系统本身提供的帮助功能来学习软件的使用是一种重要的学习方法，通过这种方法可以很方便地获得有关函数和命令的使用方法。在 MATLAB 软件中可以通过帮助命令或帮助界面获得帮助。

1.4.1　MATLAB 的帮助窗口

MATLAB 的帮助界面相当于一个帮助信息浏览器，使用帮助界面可以搜索和查看所有 MATLAB 的帮助文档，还能运行某些演示程序，进入 MATLAB 帮助界面有 4 种方法。

（1）单击 MATLAB 主窗口工具栏中的 Help 按钮。

（2）在命令窗口中输入 helpwin、helpdesk 或 doc 命令。

（3）选择 Help 菜单中前 4 项中的任意一项。

（4）"F1"选项。

MATLAB 的帮助界面与其他 Windows 程序界面类似，其操作界面如图 1-22 所示。

帮助界面包括左边的帮助向导页面和右边的帮助显示页面两部分，在左边的帮助向导页面选择帮助项目的名称图标，就会在右边的帮助显示页面中显示对应的帮助信息。

MATLAB 的帮助文档除了超文本格式外，还有 PDF 格式，可以用 Adobe Acrobat Reader 阅读。

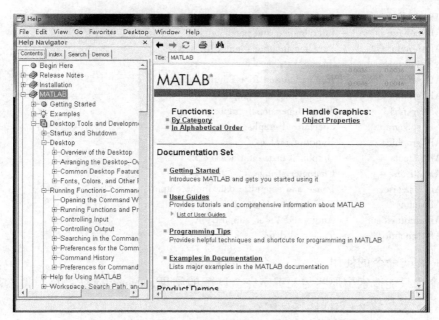

图 1-22

1.4.2　MATLAB 的帮助命令

在实际的使用过程中,若要了解 MATLAB,最简洁快速的方式是在命令窗口中通过帮助命令对特定的内容进行快速查询,用户只要在命令窗口输入相应的命令,就可以方便地查询到所需要的资料,这些命令包括 help、lookfor 及模糊查询等,详细帮助命令及功能见表 1-1。

表 1-1　帮助命令功能表

命令字	功　能
help	显示当前帮助系统中包含的所有项目,以目录的形式列出
help 函数名	查询与该函数有关的帮助内容
lookfor 关键字	对搜索范围内的 M 文件进行关键字搜索,条件比较宽松

（1）显示帮助目录

在 MATLAB 命令窗口提示符"〉〉"后输入 help 命令,并按下 Enter 键,即会显示帮助目录。

```
>> help

HELP topics
MATLAB\general    – General purpose commands.
MATLAB\ops        – Operators and special characters.
MATLAB\lang       – Programming language constructs.
MATLAB\elmat      – Elementary matrices and matrix manipulation.
MATLAB\elfun      – Elementary math functions.
MATLAB\specfun    – Specialized math functions.
MATLAB\matfun     – Matrix functions-numerical linear algebra.
```

MATLAB\datafun   — Data analysis and Fourier transforms.
MATLAB\polyfun   — Interpolation and polynomials.
MATLAB\funfun   — Function functions and ODE solvers.
MATLAB\sparfun   — Sparse matrices.
MATLAB\scribe   — Annotation and Plot Editing.
MATLAB\graph2d   — Two dimensional graphs.
MATLAB\graph3d   — Three dimensional graphs.
MATLAB\specgraph   — Specialized graphs.
MATLAB\graphics   — Handle Graphics.
MATLAB\uitools   — Graphical user interface tools.
MATLAB\strfun   — Character strings.
MATLAB\imagesci   — Image and scientific data input/output.
MATLAB\iofun   — File input and output.
MATLAB\audiovideo   — Audio and Video support.
MATLAB\timefun   — Time and dates.

（2）lookfor 命令的使用

help 命令只能搜索出那些与关键字完全匹配的结果,而 lookfor 命令可对搜索范围内的 M 文件进行关键字搜索,条件比较宽松。

例如,由于 inverse 函数不存在,输入命令:

```
>> help inverse
```

搜索结果为:

inverse. m not found.

而若执行命令:

```
>> lookfor inverse
```

将得到 M 文件中包含 inverse 的全部函数:

INVHILB   Inverse Hilbert matrix.
IPERMUTE   Inverse permute array dimensions.
ACOS   Inverse cosine.
ACOSD   Inverse cosine, result in degrees.
ACOSH   Inverse hyperbolic cosine.
ACOT   Inverse cotangent.
ACOTD   Inverse cotangent, result in degrees.
ACOTH   Inverse hyperbolic cotangent.
ACSC   Inverse cosecant.
ACSCD   Inverse cosecant, result in degrees.
ACSCH   Inverse hyperbolic cosecant.
ASEC   Inverse secant.
ASECD   Inverse secant, result in degrees.
ASECH   Inverse hyperbolic secant.
ASIN   Inverse sine.
ASIND   Inverse sine, result in degrees.

ASINH   Inverse hyperbolic sine.

ATAN   Inverse tangent.

lookfor 命令只对 M 文件的第一行进行关键字的搜索,如果在 lookfor 命令后加上-all 选项,则可对 M 文件进行全文搜索。

（3）模糊查询

模糊查询是指用户只需要输入命令的前几个字母,然后按下 Tab 键,系统就会列出所有以这几个字母开头的命令。知道了命令或函数名后,可以进一步用 help 命令查询其详细用法说明。

1.4.3　MATLAB 的演示系统

在 MATLAB 命令窗口输入 demos 命令,即可进入 MATLAB 系统自带的演示系统界面,如图 1-23 所示。

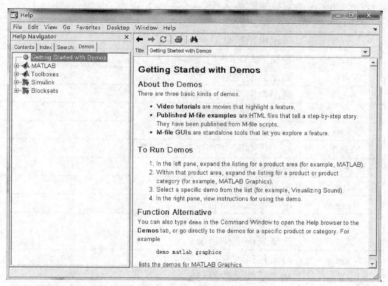

图 1-23

在演示系统窗口的 Demos 选项卡中包含一个开始说明和 4 个目录。4 个目录分别包括与 MATLAB 主程序有关的演示模块和工具箱演示模块、Simulink 演示模块和模块集演示模块。

1.4.4　MATLAB 的远程帮助系统

利用 MATLAB 的 Web 菜单项可以直接访问 MATLAB 的网上资源,帮助用户解决使用过程中遇到的一些难题。不仅在 MathWorks 公司的主页(http://www.mathworks.com)上可以找到许多有用的信息,一些国内的网站也有着丰富的信息资源。

1.5　MATLAB 的通用命令

　　MATLAB 有许多通用命令,这些通用命令分为管理命令和函数、管理变量和工作空间、使用文件和工作环境、控制命令窗口、启动和退出 MATLAB 的函数等几大类,如表 1-2 所示。

表 1-2　MATLAB 的通用命令

命令类型	命令	功能
管理命令和函数	help	在线帮助文件
	doc	在 Help 浏览窗口中显示帮助信息
	what	M、MAT、MEX 文件的目录列表
	type	列出 M 文件
	lookfor	在 Help 文本中搜索关键字
	which	定位函数和文件
	demos	运行演示程序
	error	显示出错信息
	path	控制 MATLAB 的搜索路径
管理变量和工作空间	who	列出当前变量
	whos	列出当前变量(长表)
	save	将工作空间变量保存到磁盘
	load	从磁盘文件中恢复变量
	clear	从工作空间中清除变量和函数
	pack	释放工作空间内存
	size	求阵列维数的大小
	length	求向量或矩阵的长度
	disp	显示文本或矩阵
使用文件和工作环境	cd	改变当前工作目录
	dir	显示目录列表
	delete	删除文件和图形对象
	edit	编辑 M 文件
	!	执行 DOS 操作系统命令
	unix	执行 Unix 操作系统命令并返回结果
	diary	在磁盘文件中保存任务
控制命令窗口	cedit	设置命令行编辑
	clc	清命令窗口
	home	光标置左上角
	format	设置输出格式
	echo	执行过程中回显 M 文件
	more	控制命令窗口的分布显示
启动和退出 MATLAB	quit	退出 MATLAB
	startup	引用 MATLAB 时所执行的 M 文件
	matlabrc	MATLAB 程序的启动文件

1.5.1 管理命令和函数

1）help 命令

功能：MATLAB 函数和 M 文件的在线帮助。

格式：

help
help 函数名、目录名等

说明：

直接输入 help 可列出所有主要的帮助主题，每个主要的帮助主题都要对应于 MATLAB 搜索路径上的目录名。

对于给定主题的帮助，如果 help 命令后为函数名，help 命令将显示出有关这一函数的帮助信息；如果 help 命令后为目录名，help 可显示出指定目录中的 contents 文件，这时没有必要给出目录的全路径名，只需要给出路径中的最后一部分或几部分。

2）doc 命令

功能：在 Help 浏览窗口中显示帮助信息。

格式：

doc
doc command

说明：

doc 命令可以打开帮助窗口；doc command 可显示指定命令或函数的帮助信息。

3）what 命令

功能：直接列出 M 文件、MAT 文件和 MEX 文件。

格式：

what
what dirname

说明：

what 命令可列出当前目录下的 M 文件、MAT 文件和 MEX 文件；what dirname 命令可列出由 dirname 指定的目录中的文件，命令中不必输入路径全名。

4）type 命令

功能：列出 M 文件。

格式：

type filename

说明：

type filename 可在 MATLAB 命令窗口中显示指定文件的内容。

5）lookfor 命令

功能：在 Help 文本中搜索关键字。

格式：

lookfor topic
lookfor topic-all

说明：

lookfor topic 可以在所有 M 文件帮助文档的首行中搜索字符串 topic；而 lookfor topic-all 可以在所有 M 文件的第一个解释块中搜索字符串 topic。

6）which 命令

功能：定位函数和文件。

格式：

which fun
which fun-all

说明：

which fun 可以显示由 fun 存储的路径名，fun 可以是 M 文件、MEX 文件、工作空间变量、内部函数或 Simulink 模型，当 fun 取后面 3 种时，函数 which 显示出相应的信息。which fun-all 可以显示出名为 fun 的所有函数，-all 选项可用于 which 的所有形式。

1.5.2 管理变量和工作空间

1）who 和 whos 命令

功能：列出内存中变量的目录。

格式：

who   whos
who global   whos global
who … var1 var2   whos … var1 var2

说明：

who 与 whos 命令非常相似，who 命令只列出当前内存中的变量名，而 whos 除了列出变量名之外，还列出了变量的大小及变量是否具有非零虚部。

其中，who global 表示列出整个工作空间中的变量；who … var1 var2 只列出指定的变量。

2）save 命令

功能：在磁盘上保存工作空间变量。

格式：

save
save filename
save filename variables

说明：

save 命令可将工作空间中的所有变量以二进制的格式保存到 MATLAB. mat 文件中，这些变量可由 load 命令重新装入;save filename 命令可将所有变量保存到指定的 filename. mat 文件中;save filename variables 只保存指定的变量 variables。

3) load 命令

功能:从磁盘中恢复数据。

格式:

```
load
load filename
```

说明:

load 命令可恢复由 save 命令保存在磁盘文件中的变量,它与 save 命令是互逆命令;load filename 命令可从 filename. mat 文件中恢复变量。

4) clear 命令

功能:从工作空间中删除项目。

格式:

```
clear
clear name
clear name1 name2 name3
```

说明:

clear 命令可以清除工作空间中的所有变量;clear name 命令可从工作空间中删除 M 文件、MEX 文件或变量名;clear name1 name2 name3 命令可从工作空间中删去 name1、name2 和 name3。

5) pack 命令

功能:释放工作空间内存。

格式:

```
pack
pack filename
```

说明:

pack 命令可压缩内存中的信息并保存到 pack. tmp 文件中,以此释放出更多的内存空间;pack filename 命令可将压缩信息保存到指定的文件 filename 中。

6) size 命令

功能:求阵列维数的大小。

格式:

```
size(X)
[m,n] = size(X)
m = size(X,dim)
[d1,d2,d3,...,dn] = size(X)
```

说明:

d = size(X)可得到阵列 X 每个维的尺寸,d 为一向量;当 X 为矩阵(二维阵列)时,[m,

n] = size(X)可得到其尺寸;当 X 为多维矩阵时,[d1,d2,d3,...,dn] = size(X)可得到各个维的尺寸;m = size(X,dim)可得到指定维数 dim 的尺寸。

7) length 命令

功能:求向量或矩阵的长度。

格式:

n = length(X)

说明:

当 X 为非空矩阵时,length(X)等效于 max(size(X));当 X 为空矩阵时,length(X) = 0;当 X 为向量时,它等于向量的长度。

8) disp 命令

功能:显示文本或矩阵。

格式:

disp(X)

说明:

当 X 为矩阵时,disp(X)显示出矩阵内容;当 X 为字符串时,disp(X)显示出字符串。

1.5.3 使用文件和工作环境

1) cd 命令

功能:改变当前工作目录。

格式:

cd
cd directory
cd...

说明:

cd 命令与 DOS 系统中的 cd 命令完全一样。cd 命令用于显示当前目录名;cd directory 命令可改变到指定目录;cd...命令可退回到上一层目录。

2) dir 命令

功能:显示目录列表。

格式:

dir
dir dirnames

说明:

dir 和 dir dirnames 两种格式与 DOS 操作系统下的 dir 命令一样,可列出指定目录下的指定文件。

3) delete 命令

功能:删除文件和图形对象。

格式：

delete filenames
delete(h)

说明：

delete filenames 命令可删除指定的文件；delete(h)命令可删除句柄为 h 的图形对象。

4）edit 命令

功能：编辑 M 文件。

格式：

edit
edit fun
edit file. ext

说明：

edit 命令可打开新的编辑窗口；edit fun 命令可在文本编辑器中打开指定的 fun. m 文件；edit file. ext 命令可打开指定的文本文件。

5）diary 命令

功能：在磁盘文件中保存任务。

格式：

diary
diary filename

说明：

diary 命令可建立键盘输入和系统响应的日志，其输出为 ASCII 码文件，可用于打印或插入到其他文档；diary filename 命令可将日志保存到指定的文件 filename 中。

diary 有两种状态：on 和 off，diary 命令可在这两种状态之间切换。

思考与练习

1. MATLAB 的具体含义是什么？简述 MATLAB 的发展史。

2. MATLAB 的主要特点有哪些？

3. 熟悉 MATLAB 7.0 的菜单栏以及各工具栏的功能。

4. MATLAB 的主界面有几个窗口？如何使某个窗口脱离主界面成为独立窗口？又如何将脱离出去的窗口重新放置到主界面上？

5. 列举 MATLAB 7.0 的通用命令，并简述其功能。

6. 用 lookfor 命令查询函数 sin 的信息。

7. 在命令窗口输入 demos 命令，查看 MATLAB 的自动演示功能。

8. 利用 save、load 命令，保存和恢复工作空间，进行一些自我练习。

2

MATLAB 应用基础与数值计算

由第 1 章,我们已经知道 MATLAB 代表的是矩阵实验室。矩阵是 MATLAB 最基本、最重要的数据对象,MATLAB 的大部分运算或命令都是在矩阵运算的意义下进行的。

本章主要介绍 MATLAB 的一些基础知识,包括变量及其赋值,数据的表示方法及有关运算等。

2.1 变量及其操作

2.1.1 变量与赋值

1）变量

变量代表一个或若干个内存单元,为了对变量所对应的存储单元进行访问,需要给变量命名。MATLAB 中的变量不需要事先定义,在遇到新的变量名时,MATLAB 会自动建立该变量并分配存储空间。当遇到已存在的变量时,MATLAB 会更新其内容,如果需要还会重新分配存储空间。

MATLAB 的变量必须符合以下命名规则:

（1）变量名区分大小写,A 与 a 是两个不同的变量。

（2）变量名长度不超过 63 个字符（这是对于 64 位计算机而言,如果是 32 位计算机,则长度应不超过 31 个字符）,超过的部分将会被忽略不计。

（3）变量名必须以字母开头,其后可以是字母、数字和下划线。

（4）变量名不允许出现标点符号,也不能包含空格。

2）预定义变量

预定义变量是 MATLAB 工作空间中提供的一些用户不能清除的固定变量,是由系统本身定义的变量。预定义变量有特定的含义,在使用时,应尽量避免对这些变量重新赋值。如表 2-1 所示,列出了一些常用的预定义变量。

表 2-1　常用的预定义变量

预定义变量	含　义	预定义变量	含　义
ans	计算结果的默认赋值变量	nargin	函数输入参数个数
eps	机器零阈值	nargout	函数输出参数个数
pi	圆周率 π	realmax	最大正实数
i,j	虚数单位	realmin	最小正实数
inf,Inf	无穷大,如 1/0 的结果	bitmax	最大正整数
NaN,nan	非数,如 0/0,inf/inf 的结果	lasterr	存放最新的错误信息
beep	使计算机发出"嘟嘟"声	lastwarn	存放最新的警告信息

3）赋值

MATLAB 赋值语句有两种格式:

（1）变量 = 表达式

其中,"＝"为赋值号,MATLAB 将赋值号右端表达式的结果赋给赋值号左边的变量。

（2）表达式

将表达式的值赋给 MATLAB 的预定义变量 ans。

一般的,如果在语句的最后加上分号,表达式结果不会在屏幕上显示,否则将会在屏幕上显示出计算结果。如果运算的结果是一个很大的矩阵或根本不需要运算结果,则可以在语句的最后加上分号。

4）函数

MATLAB 中的函数可分为以下 3 类:

（1）MATLAB 的内部函数,是 MATLAB 系统中自带的函数。

（2）MATLAB 系统中附带的各种工具箱中的 M 文件所提供的大量实用函数,这种函数是指定领域中使用的函数,使用这些函数时,必须安装相应的工具箱函数。

（3）用户自己增加的函数,以适用于特定领域。

其中,函数的变量个数可以有多个,函数的输出也可以有多个,这取决于函数本身。

5）表达式

将变量、数值、函数用操作符连接起来,就构成了表达式,每一行最多有 4 096 个字符。

如:

```
a = abs(3 + 4i);
b = (2 + sqrt(3))/3;
c = sin(exp( - 3.6));
```

因为行末使用了分号,所以将不会在屏幕上显示结果。如果要查看变量的值,只需要键入相应的变量名即可。

2.1.2　标点符号的使用

MATLAB 中的符号有着特定的意义,这些符号及其代表的意义如表 2-2 所示。

表 2-2　MATLAB 中的常用符号及其意义

标点符号	意　义	标点符号	意　义
；（分号）	矩阵或数组的行分隔符；取消运行显示	．（点）	小数点
，（逗号）	矩阵或数组的列分隔符；函数参数分隔符	…（省略号）	续行符
：（冒号）	生成等差数列	' '（单引号）	定义字符串
（）（圆括号）	指定运算优先级；函数参数调用；数组索引	＝（等号）	赋值语句
［］（方括号）	定义矩阵	！（感叹号）	调用操作系统运算
｛｝（花括号）	定义单元数组	％（百分号）	注释语句的标识

1）分号与逗号

（1）分号（；）：用于区分矩阵或数组的行，或者用于一个语句的结尾处，表明命令行的结束，并取消运行结果的显示。

（2）逗号（，）：用于矩阵或数组列的分隔符、函数参数分隔符或用来分隔语句。

在一个程序中，可以输入多个语句，语句之间用逗号或分号分隔，使用逗号时，运行结果将会在窗口中显示；而使用分号时，运行结果将不会被显示。

2）百分号（％）

用于在程序文本中添加注释，增加程序的可读性。

3）括号

MATLAB 中只用圆括号（（））表示运算优先级；方括号（［］）只用于生成向量和矩阵；花括号（｛｝）用于生成单元数组。

4）续行符号

由 3 个小黑点组成的省略号（…）称为续行符号，用于命令行很长或一行写不下的情况。

2.1.3　常用的快捷键

在 MATLAB 中，为了方便用户定义了一些快捷键，在编写程序时使用这些快捷键可以提高编程效率。

MATLAB 常用的键盘操作和快捷键如表 2-3 所示。

表 2-3　常用的键盘操作和快捷键

键盘按钮和快捷键	功　能	键盘按钮和快捷键	功　能
↑（Ctrl＋p）	调用上一行	Home（Ctrl＋a）	光标置于当前行开头
↓（Ctrl＋n）	调用下一行	End（Ctrl＋e）	光标置于当前行结尾
←（Ctrl＋b）	光标左移一个字符	Esc（Ctrl＋u）	清除当前输入行
→（Ctrl＋f）	光标右移一个字符	Del（Ctrl＋d）	删除光标外字符
Ctrl＋←	光标左移一个单词	Backspace（Ctrl＋h）	删除光标前字符
Ctrl＋→	光标右移一个单词	Alt＋BackSpace	恢复上一次删除

2.2　常用数学函数

MATLAB 提供了许多数学函数,函数的自变量规定为矩阵变量,运算法则是将函数逐项作用于矩阵的元素上,运算的结果是一个与自变量同维数的矩阵。表 2-4 列出了一些常用的数学函数。

表 2-4　MATLAB 中常用的数学函数

函数名	功　能	函数名	功　能
sin	正弦函数	exp	自然指数函数
cos	余弦函数	pow2	2 的幂
tan	正切函数	abs	绝对值函数
asin	反正弦函数	angle	复数的幅角
acos	反余弦函数	real	复数的实部
atan	反正切函数	imag	复数的虚部
sinh	双曲正弦函数	conj	复数共轭运算
cosh	双曲余弦函数	rem	求余数或模运算
tanh	双曲正切函数	mod	模除求余
asinh	反双曲正弦函数	fix	向零方向取整
acosh	反双曲余弦函数	floor	不大于自变量的最大整数
atanh	反双曲正切函数	ceil	不小于自变量的最小整数
sqrt	平方根函数	round	四舍五入到最邻近的整数
log	自然对数函数	sign	符号函数
log10	常用对数函数	gcd	最大公因子
log2	以 2 为底的对数函数	lcm	最小公倍数

函数使用说明:

(1) 三角函数以弧度为单位计算。

(2) abs 函数可以求实数的绝对值、复数的模、字符串的 ASCII 码值。

如:

x = abs(3.16)
x =
　　3.1600
y = abs(3 + 4i)
y =
　　5
z = abs('A')
z =
　　65

(3) 用于取整的函数有 fix、floor、ceil、round。

如：

x = 4.9802；
y1 = fix(x)，y2 = floor(x)，y3 = ceil(x)，y4 = round(x)
y1 =
　　　4
y2 =
　　　4
y3 =
　　　5
y4 =
　　　5

（4） rem 与 mod 的区别：rem(x,y) 和 mod(x,y) 要求 x、y 必须为相同大小的实矩阵或标量。当 x、y 同号时，rem(x,y) 与 mod(x,y) 相等，rem(x,y) 的符号与 x 相同，mod(x,y) 的符号与 y 相同。

2.3　复数的创建及其运算

MATLAB 最强大的一个特性就是它无需做任何特殊操作，就可以对复数进行处理。

2.3.1　复数的创建

复数由实部和虚部两部分组成，在 MATLAB 中虚数单位由 i 或 j 来表示。创建复数的方法有两种：一种是直接输入法；另一种是使用 complex 函数。

1）直接输入法

创建方法如下：

```
>> a1 = 1 − 2i
a1 =
    1.0000 − 2.0000i
>> a2 = 1 + 2i
a2 =
    1.0000 + 2.0000i
```

2）使用 complex 函数

complex 函数的调用方法如下：

（1） c = complex(a,b)

返回结果 c 为复数，其实部为 a，虚部为 b。输入的参数 a 和 b 可以是标量，维数、大小相同的向量，也可以是矩阵或者多维数组，输出参数和输入参数的结构相同。

（2） c = complex(a)

只有一个输入参数，返回结果 c 为复数，其实部为 a，虚部为 0。

2.3.2　复数运算

MATLAB 中对复数进行处理，无需做任何特殊操作，复数数学运算的表达式与实数数学运算的表达式相同。

利用前面的结果计算,如:

```
>> a3 = a1/a2
a3 =
    -0.6000 - 0.8000i
```

由结果可以看出,复数的运算结果仍然是复数,但当运算的结果虚部为 0 时,MATLAB 会自动去掉该虚部。

如:

```
>> a4 = a1 + a2
a4 =
    2
```

复数的指数和对数运算形式如下面所示:

```
>> exp(1 + i)
ans =
    1.4687 + 2.2874i
>> log( -1 + 3i)
ans =
    1.1513 + 1.8925i
```

2.4 数据类型

MATLAB 支持的数据类型有数值类型和逻辑类型,其中数值类型包括整数、浮点数及复数。

2.4.1 整数

1) 整数数据类型

支持 8 位、16 位、32 位以及 64 位的有符号和无符号整数数据类型,不同的整数数据类型除了范围不同外,其性质都相同,如表 2-5 所示。

表 2-5　整数数据类型

数据类型	功　　能
uint8	8 位无符号整数,范围为 0 ~ 255
int8	8 位有符号整数,范围为 -128 ~ 127
uint16	16 位无符号整数,范围为 0 ~ 65535
int16	16 位有符号整数,范围为 -32768 ~ 32767
uint32	32 位无符号整数,范围为 0 ~ 4294967295
int32	32 位有符号整数,范围为 -2147483648 ~ 2147483647
uint64	64 位无符号整数,范围为 0 ~ 18446744073709551615
int64	64 位无符号整数,范围为 -9223372036854775808 ~ 9223372036854775807

2）整数运算

类型相同的整数之间可以进行运算，返回相同类型的结果。进行加、减和乘法运算比较简单，进行除法运算稍微复杂一些。由于每一种整数的数据类型都有相应的取值范围，因此数学运算有可能产生结果溢出。MATLAB 利用饱和处理此类问题，即当运算结果超出了此类数据类型的上限或下限时，系统将结果设置为该上限或下限。

整数运算过程中出现的溢出问题如下所示：

```
>> x = int8(80);
>> y = int8(90);
>> z = x + y
z =
    127
```

结果（170）溢出上限，因此输出结果只能为上限（127）。

```
>> k = x - 3 * y
k =
    -47
```

3 * y 的结果（270）溢出上限，因此结果为 127，继续计算（80 - 127），得到的最后结果为 - 47。

```
>> m = x - y - y - y
m =
    -128
```

计算 x - y - y - y 时，从左到右进行计算，结果溢出下限，因此结果为 - 128。

2.4.2　浮点数与精度函数

MATLAB 默认的数据类型是双精度数值类型（double）。

1）单精度和双精度数据类型的取值范围

在不同的计算机系统上运行 MATLAB 时，其单精度与双精度数据类型的取值范围有所不同。具体的单精度和双精度数据类型的取值范围和精度，可以通过以下函数进行查看。

（1）realmin 函数

该函数返回 MATLAB 语言能够表示的最小的归一化正浮点数，任何小于该浮点数的数据都不是规范的 IEEE 标准，都会发生溢出。

（2）realmax 函数

该函数返回 MATLAB 语言能够表示的最大的归一化正浮点数，任何大于该浮点数的数据都不是规范的 IEEE 标准，都会发生溢出。

另外，还有其他几个函数与以上两个函数类似，如 intmax 函数和 intmin 函数，其中 intmax 函数表示返回指定的整数数据类型能表示的最大正整数；intmin 函数表示返回指定的整数数据类型能表示的最小正整数。

intmax( )、intmin( )、realmin( )、realmax( ) 的使用规定如下所示：

```
>> intmax('int32')
ans =
    2147483647
>> intmin('int32')
ans =
    -2147483648
>> realmin('single')
ans =
    1.1755e-038
>> realmax('single')
ans =
    3.4028e+038
```

2）单精度与双精度数据类型之间的转换

一般情况下,MATLAB 的数据都是以双精度来表示的,但有时为了节省存储空间,MATLAB 也支持单精度数据类型的数组。

创建单精度类型的变量时,首先要声明变量类型,如:

```
>> x = zeros(1,5,'single')
x =
    0    0    0    0    0
>> y = eye(3,'single')
y =
    1    0    0
    0    1    0
    0    0    1
```

我们可以使用 class 函数来查询数据的类型,如:

```
>> class(x)
ans =
    single
```

在 MATLAB 中,各种数据类型之间可以互相转换,转换方式如下:

（1）datatype(variable)

datatype 为目标数据类型,variable 为待转换的变量。

如:

```
>> a = single(1:5)
a =
    1    2    3    4    5
```

表示将默认的双精度数据类型转换为单精度数据类型。

（2）使用 cast 函数

其格式为:cast(x,'type'),表示将 x 的类型转换为'type'指定的类型。

如:

```
>> b = cast(5:-1:0,'single')
b =
    5    4    3    2    1    0
```

3）数字的输入与输出格式

数字的格式为实数,保留小数点后 4 位浮点数,其他形式可以通过相应的命令得到。无论是何种形式,数值的存储值和内部运算值都是双精度的。

2.4.3 数字数据类型操作函数

MATLAB 所支持的数字数据类型操作函数如表 2-6 所示。

表 2-6 数据类型操作函数

函　数	功　能
double	创建或转化为双精度类型
single	创建或转化为单精度类型
int8、int16、int32、int64	创建或转化为相应的有符号整数类型
uint8、uint16、uint32、uint64	创建或转化为相应的无符号整数类型
isnumeric	判断是否为整数或浮点数,若是则返回 true(或者 1)
isinteger	判断是否为整数,若是则返回 true(或者 1)
isfloat	判断是否为浮点数,若是则返回 true(或者 1)
isa(x,'type')	判断是否为'type'指定的类型,若是则返回 true(或者 1)
cast(x,"type)	设置 x 的类型为'type'
intmax('type')	'type'类型的最大整数值
intmin('type')	'type'类型的最小整数值
realmax('type')	'type'类型的最大浮点实数值
realmin('type')	'type'类型的最小浮点实数值
eps('type')	'type'类型 eps 值
eps('x')	变量 x 的 eps 值

在 MATLAB 中,数组、向量与矩阵在本质上没有任何区别,都是以矩阵的形式保存的。一维数组相当于向量,二维数组相当于矩阵,因此,矩阵是数组的子集。

MATLAB 的数据结构就一种形式,单个的数是一个 1×1 的矩阵,向量是一个 $1 \times n$ 或 $n \times 1$ 的矩阵。但数、向量、数组与矩阵的某些运算方法是不同的。

2.5 矩阵与数组的建立

2.5.1 矩阵的创建

创建矩阵的方法有两种:一种是通过 MATLAB 命令在命令窗口直接创建;另一种方法是通过 MATLAB 提供的函数创建相应的矩阵。

在 MATLAB 中创建矩阵应遵循以下规则:

（1）矩阵的元素要用"[ ]"括起来；

（2）矩阵的同一行元素之间用"空格"或","隔开；

（3）矩阵的行与行之间用";"隔开；

（4）矩阵的元素可以是数值、变量或表达式的函数；

（5）矩阵的尺寸不需要预先定义。

1）直接创建矩阵

直接创建矩阵的方法就是把矩阵的各元素用中括号括起来,括号内同一行的元素之间用空格或逗号分开,行与行之间用分号隔开。

（1）直接创建向量。

如:在命令窗口直接创建一个列向量和一个行向量。

```
>> A = [2;4;3;5]
A =
    2
    4
    3
    5
>> B = [2,4,3,5]
B =
    2    4    3    5
```

另外,当向量中的元素过多,并且向量中各元素有等差的规律时,可以利用冒号操作符创建向量,其格式为:A = i:j:k。其中,i 为向量的起始值,j 为步长,k 为向量的终止值。当不指定步长时,默认步长为1,且可以省略。

如:

```
>> a = [1:3,4:6,7:9]
a =
    1    2    3    4    5    6    7    8    9
>> b = [2:3:17]
b =
    2    5    8    11    14    17
```

（2）直接创建一个矩阵。

如:

```
>> C = [1 2 3;4 5 6;7 8 9]
C =
    1    2    3
    4    5    6
    7    8    9
```

2）利用函数创建矩阵

MATLAB 提供了许多函数,可以通过这些函数方便地创建矩阵。常用的创建矩阵的函数如表2-7所示。

表 2-7　常用的创建矩阵的函数

函数名	说　明
zeros 函数	用于定义一个零矩阵
ones 函数	用于定义一个全 1 矩阵
eye 函数	用于定义一个二维单位矩阵
rand 函数	创建元素在(0,1)内的 n 阶随机分布矩阵
magic 函数	创建 n 阶魔方矩阵
vander 函数	创建 n 阶范得蒙矩阵

【例 2-1】　创建 5×5、3×4 的单位矩阵,2×3 的全 0 矩阵,4×5 的全 1 矩阵、5×6 的随机矩阵、3 阶的魔方矩阵,并利用向量 m 创建一个范得蒙矩阵。

```
>> x1 = eye (5)
x1 =
    1    0    0    0    0
    0    1    0    0    0
    0    0    1    0    0
    0    0    0    1    0
    0    0    0    0    1
>> x2 = eye(3,4)
x2 =
    1    0    0    0
    0    1    0    0
    0    0    1    0
>> x3 = zeros(2,3)
z =
    0    0    0
    0    0    0
>> x4 = ones(4,5)
x4 =
    1    1    1    1    1
    1    1    1    1    1
    1    1    1    1    1
    1    1    1    1    1
>> x5 = rand(5,6)
x5 =
    0.9501    0.7621    0.6154    0.4057    0.0579    0.2028
    0.2311    0.4565    0.7919    0.9355    0.3529    0.1987
    0.6068    0.0185    0.9218    0.9169    0.8132    0.6038
    0.4860    0.8214    0.7382    0.4103    0.0099    0.2722
    0.8913    0.4447    0.1763    0.8936    0.1389    0.1988
>> x6 = magic (3)
x6 =
    8    1    6
    3    5    7
    4    9    2
>> m = [2 3 4];
>> x7 = vander(m)
x7 =
    4    2    1
    9    3    1
   16    4    1
```

2.5.2　矩阵的存储

在 MATLAB 中,矩阵存储是按列存储的,矩阵中的元素可以采用下标来寻址。

如:

```
>> a = [1 2 3;4 5 6]
a =
    1    2    3
    4    5    6
>> a(4)
ans =
    5
>> a(5)
ans =
    3
>> a(1:6)
ans =
    1    4    2    5    3    6
```

多维数矩阵的元素也是按照类似的方式存储。

2.5.3　矩阵的简单操作

1）矩阵的转置

矩阵的转置命令是"'"、".'",当 A 为复数矩阵时,A' 表示的是矩阵 A 的共轭转置矩阵,而 $A.'$ 表示的是矩阵 A 的非共轭转置矩阵。

如:

```
>> A = [10 11 12];
>> A'
ans =
    10
    11
    12
>> B = [3 +4i 2 -2i 4 -4i 5 +7i];
>> B'
ans =
    3.0000 - 4.0000i
    2.0000 + 2.0000i
    4.0000 + 4.0000i
    5.0000 - 7.0000i
>> B.'
ans =
    3.0000 + 4.0000i
    2.0000 - 2.0000i
    4.0000 - 4.0000i
    5.0000 + 7.0000i
```

2）矩阵的下标

矩阵中的元素也可以通过下标进行存取，$a(i,j)$ 表示矩阵 a 中处于第 i 行第 j 列的元素。

如：

```
>> a = [1 2 3;4 5 6;7 8 9]
a =
    1    2    3
    4    5    6
    7    8    9
>> b = a(3,3)
b =
    9
>> c = a(1,2)
c =
    2
```

另外，还可以利用下标来修改矩阵中的个别元素。

如：

```
>> a(3,3) = 10
a =
    1    2    3
    4    5    6
    7    8    10
>> a(1,2) = 4
a =
    1    4    3
    4    5    6
    7    8    10
```

3）矩阵元素求和

利用 MATLAB 提供的 sum 函数可以对矩阵元素进行按列求和。

如：

```
>> a = [1 2 3;4 5 6;7 8 9]
a =
    1    2    3
    4    5    6
    7    8    9
>> sum(a)
ans =
    12    15    18
>> sum(a')'
ans =
    6
    15
    24
```

若要取得矩阵 *a* 主对角线上的元素,可以使用 diag 函数。

如:

```
>> diag(a)
ans =
     1
     5
     9
>> sum(diag(a))
ans =
    15
```

4）矩阵变换

利用 MATLAB 的一些变换函数,如 rot90、fliplr、flipud、tril、triu 等,可以将矩阵转换成希望的形式。

如:

```
>> a = [1 2 3;4 5 6;7 8 9]
a =
     1     2     3
     4     5     6
     7     8     9
>> rot90(a)
ans =
     3     6     9
     2     5     8
     1     4     7
>> b1 = flipud(a),b2 = fliplr(a)
b1 =
     7     8     9
     4     5     6
     1     2     3
b2 =
     3     2     1
     6     5     4
     9     8     7
>> c1 = tril(a),c2 = triu(a)
c1 =
     1     0     0
     4     5     0
     7     8     9
c2 =
     1     2     3
     0     5     6
     0     0     9
```

常用的矩阵操作与变换函数如表 2-8 所示。

表 2-8   矩阵操作及变换函数

运算符及函数调用格式	说　明
A′	A 是实数矩阵,计算 A 的转置矩阵
A.′	计算复数矩阵 A 的转置矩阵
rot90(A)	将矩阵 A 逆时针旋转 90°
rot90(A,n)	将矩阵 A 逆时针旋转 $n \times 90°$(n 为整数)
fliplr(A)	将矩阵 A 左右翻转 180°
flipud(A)	将矩阵 A 上下翻转 180°
repmat(A,m,m)	将矩阵 A 作为一个子矩阵,复制成一个 $m \times n$ 的矩阵
diag(A)	提取矩阵 A 的主对角线上的元素组成一个向量
tril(A)	提取矩阵 A 的主对角线及以下元素生成新的矩阵
triu(A)	提取矩阵 A 的主对角线及以上元素生成新的矩阵

2.6   矩阵运算

利用基本的数学函数,可以对矩阵进行运算。

矩阵的算术运算包括:加(+)、减(−)、乘(*)、左除(\ )、右除(/)及其乘方(^)运算,但必须注意,运算是在矩阵意义下进行的,单个数据的算术运算中是一种特例。

1) 加、减运算

两个矩阵进行加、减运算时,要求进行运算的两个矩阵必须具有相同的行数和列数(即两个矩阵的维数相同),然后将两个矩阵的相应元素进行相加或相减;如果进行运算的两个矩阵的维数不相同,MATLAB 将会给出错误信息,提示两个矩阵的维数不匹配。

【例 2-2】 已知向量 $a = [1\ 2\ 3\ 4]$,$b = [6\ 7\ 8\ 9]$,计算 $a \pm b$。

```
>> a = [1 2 3 4];b = [6 7 8 9];
>> c = a + b
c =
   7    9    11    13
>> c = a − b
c =
  − 5 − 5 − 5 − 5
```

2) 乘法运算

两个矩阵 A、B 进行乘法运算时,应满足矩阵 A 的列数和矩阵 B 的行数相同,矩阵乘法由(*)实现。

(1) 矩阵之间的乘法。

如:

```
>> A = [1 2 3;4 5 6];
>> B = [1 2;3 4;5 6];
>> C = A * B
```

```
C =
    22    28
    49    64
```

两个矩阵相乘不要求维数相同。

（2）标量与矩阵之间的乘法。

标量与矩阵相乘,即把标量与每个元素相乘。

如：

```
>> A = [1 2 3;4 5 6];
>> 3 * A
ans =
    3    6    9
    12    15    18
```

（3）矩阵的乘方。

一个矩阵的乘方运算可以表示成 $A\char`^P$ 的形式,即 A 自乘 P 次,这里要求 A 必须为方阵, P 为标量。

如果 P 是一个大于 1 的整数,则 $A\char`^P$ 表示 A 的 P 次幂;如果 P 不是整数,将涉及特征值和特征向量的问题,即已求得[V,D] = eig(A),则 A^P = V * D.^P/V。

如：

```
>> A = [1 2 3;4 5 6;7 8 9];
>> Y = A^2
Y =
    30    36    42
    66    81    96
    102    126    150
>> Y = A^3
Y =
    468    576    684
    1062    1305    1548
    1656    2034    2412
```

3）除法运算

MATLAB 的除法运算有两种:\和/,分别表示左除和右除。其中,X = A\B 是方程 $AX = B$ 的解;X = A/B 是方程 $XA = B$ 的解。对于矩阵左除,要求 A、B 两个矩阵的行数相同;矩阵右除,要求 A、B 两个矩阵的列数相同。

【例 2-3】 已知矩阵 A、B,求矩阵 X。

```
>> A = eye(3);
>> B = [1 2 3;4 5 6;7 8 9];
>> X = A\B                          %矩阵左除,求 AX = B 的解
X =
    1    2    3
    4    5    6
    7    8    9
>> C = [3 4 5];
```

```
>> Y = A/C                              %矩阵右除,求 YA = C 的解
Y =
    0.0600
    0.0800
    0.1000
```

2.7 数组运算

数组运算也称为点运算,其运算符是在有关运算符前加点。两个矩阵进行点运算,是指它们的对应元素进行相关运算,要求两个矩阵具有相同的维数。

1) 点加、点减运算

2) 点乘运算

例:

```
>> A = [1 2 3;4 5 6;7 8 9];
>> B = [1 -1 3;4 3 -2;-2 3 4];
>> C = A. * B
C =
     1        -2         9
    16        15       -12
   -14        24        36
```

其中,A. * B 表示 A 和 B 两个矩阵中的对应元素相乘,显然与 A * B 结果不同。

3) 点除运算

如果 A、B 两个矩阵具有相同的维数,则 A./B 表示 A 矩阵除以 B 矩阵的对应元素,并且 B. \A 等价于 A./B;A. \B 表示 B 矩阵除以 A 矩阵的对应元素,并且 B./A 等价于 A. \B。

如:

```
>> A = [1 2 3;4 5 6];
>> B = [-2 1 3;-1 1 4];
>> Z1 = A./B
Z1 =
   -0.5000     2.0000     1.0000
   -4.0000     5.0000     1.5000
>> Z2 = B. \A
Z2 =
   -0.5000     2.0000     1.0000
   -4.0000     5.0000     1.5000
```

显然,A./B 与 B. \A 的值相等。

4) 点乘方运算

若两个矩阵的维数一致,则 A. ^B 表示两矩阵对应元素进行乘方运算。

如:

```
>> A = [1,2,3];
```

```
>> B = [4,5,6];
>> C = A.^B
C =
     1    32    729
```

另外,指数和底数也可以是标量。

如:

```
>> A = [1,2,3];
>> D = A.^3
D =
     1     8     27
>> x = [1,2,3];
>> y = [4,5,6];
>> z = 3.^x
z =
     3     9     27
>> z = 3.^[x y]
z =
     3     9     27     81     243     729
```

2.8　关系与逻辑运算

MATLAB 中矩阵之间的关系运算和逻辑运算是在两个同维矩阵的对应元素之间进行的。因此,两个矩阵能进行关系运算或逻辑运算的条件是两个矩阵同维或其中有一个是标量。

1)关系运算

MATLAB 提供了 6 种关系运算符,它们的含义不难理解,但要注意其书写方式与数学中的表示方式不尽相同,如表 2-9 所示。

表 2-9　关系运算符及其含义

运算符	含　义	运算符	含　义
<	小于	< =	小于等于
>	大于	> =	大于等于
= =	等于	~ =	不等于

关系运算的运算法则为:

(1)当两个比较量是标量时,可直接比较两数的大小。如果关系成立,那么关系表达式结果是真的,用 1 来表示;否则运算结果为假,用 0 来表示。

(2)当参与比较的量是两个维数相同的矩阵时,比较是对两个矩阵相同位置处的元素按标量关系运算法则逐个进行比较,并给出比较结果。

(3)当参与比较的量一个是标量,另一个是矩阵时,则把标量与矩阵的每一个元素按标量关系运算法则逐个进行比较,并给出比较结果。

【例 2-4】 创建 5 阶随机方阵 A，求出矩阵 A 中元素大于 0.5 的矩阵 x_1。

```
>> A = rand(5);
>> x1 = A > 0.5
x1 =
    1    1    1    0    0
    0    0    1    1    0
    1    0    1    1    1
    0    1    1    0    0
    1    0    0    1    0
```

2）逻辑运算

MATLAB 提供了 4 种逻辑运算符，在运算顺序上逻辑运算符低于关系运算符和算术运算符，是优先级别最低的运算符，如表 2-10 所示。

表 2-10   逻辑运算符及其含义

逻辑运算	运算符	表达式	含　义
与运算	&/and	A&B 或 and(A,B)	进行 A 与 B 的与运算。A、B 对应元素都不是 0，结果为 1；否则为 0。
或运算	|/or	A|B 或 or(A,B)	进行 A 与 B 的或运算。A、B 对应元素都为 0，结果为 0；否则为 1。
非运算	~/not	~A 或 not(A)	对矩阵 A 进行非运算。如果 A 中元素为 0 时值为 1，非 0 时值为 0。
异或运算	xor	xor(A,B)	进行矩阵 A 与 B 的异或运算。当 A、B 对应元素一个为 0，一个非 0，结果为 1；否则为 0。

逻辑运算的运算法则为：

（1）在逻辑运算中，确认非零元素为真，用 1 表示，零元素为假，用 0 表示。

（2）当参与逻辑运算的是两个同维矩阵，那么运算将对矩阵相同位置上的元素按标量规则逐个进行。

（3）当参与逻辑运算的量一个是标量，一个是矩阵时，那么运算将在标量与矩阵中的每个元素之间按标量规则逐个进行。

如：

```
>> A = [1 0;8 3];B = [2 0;5 7];
>> C = A&B,D = A|B
C =
    1    0
    1    1
D =
    1    0
    1    1
```

2.9　矩阵与数组的其他运算

在 MATLAB 中，对矩阵还有多种多样的运算，如表 2-11 所示，为矩阵与数组的一些其他运算符及其说明。

表 2-11 矩阵运算符及其说明

运算符及调用格式	说　明
inv(A)	计算非奇异矩阵 A 的逆矩阵，要求 A 是 n 阶方阵
pinv(A)	计算长方形矩阵 A 的伪逆矩阵
det(A)	计算方矩阵 A 的行列式值
rank(A)	计算矩阵 A 的秩
trace(A)	计算矩阵 A 的迹
eig(A)	计算 n 阶方阵 A 的特征值向量

2.10　多项式运算

2.10.1　概述

多项式在数学中有着极为重要的作用，同时多项式的运算也是工程和应用中经常遇到的问题。每当难以对一个函数进行积分、微分或者在解析上确定一些特殊值时，就可以借助计算机进行数值分析。

MATLAB 提供了一些专门用于处理多项式的函数，包括多项式求根、多项式的四则运算及多项式的微积分等，如表 2-12 所示。

表 2-12 处理多项式的函数及其说明

函　数	功　能
conv(a,b)	乘法
[q,r] = deconv(a,b)	除法
poly(r)	用根构造多项式
polyder(a)	对多项式或有理多项式求导
polyval(P,x)	计算 x 点处多项式的值
roots(a)	求多项式的根

1）多项式的表示方法

在 MATLAB 中，多项式可以用一个行向量 P 表示，向量中的元素为该多项式的系数，按照降序排列。一个多项式行向量的提取可以使用 poly 函数来完成，缺少项的系数用 0 来代替。如果多项式是一个矩阵的特征多项式，那么这个多项式也可以直接由矩阵运算来生成。如果知道多项式的根，也可以由多项式的根生成多项式，这个操作也是由 poly 函数来完成的。

【例 2-5】　写出多项式 $p(x) = 9x^3 + 7x^2 + 4x + 3$ 的向量形式。

```
>> P = [9 7 4 3]
P =
    9    7    4    3
```

```
>> poly2sym(P)
ans =
     9 * x^3 + 7 * x^2 + 4 * x + 3
```

2）多项式的运算

由于多项式是利用向量来表示的，因此多项式的四则运算可以转化为向量的运算。因为多项式的加减是对应项系数的加减，所以可以通过向量的加减来实现。但是在向量的加减过程中两个向量要有相同的长度，即在进行多项式加减时，需要在短的向量前面补 0。

（1）多项式的加减法

对于多项式的加减法，没有直接的函数，直接用 + 、− 符号就行了。需要注意的是，两个多项式向量大小必须相同。

【例 2-6】 求 $p(x) = x^3 + 2x^2 + 3x + 2$ 和 $q(x) = 4x^3 + 3x^2 + 2x + 3$ 的和。

```
>> P = [1 2 3 2];
>> Q = [4 3 2 3];
>> A = P + Q
A =
     5     5     5     5
>> poly2sym(A)
ans =
     5 * x^3 + 5 * x^2 + 5 * x + 5
```

结果 $a(x) = 5x^3 + 5x^2 + 5x + 5$。

（2）多项式的乘法

多项式的乘法函数为 conv，调用格式为：

```
conv(a,b)
```

表示的是多项式 a 和 b 的乘积。

【例 2-7】 求 $a(x) = x^3 + 2x^2 + 3x + 4$ 和 $b(x) = 2x^3 + 4x^2 + x + 3$ 的积。

```
>> A = [1 2 3 4];
>> B = [2 4 1 3];
>> C = conv(A,B)
C =
     2     8     15    25    25    13    12
>> poly2sym(C)
ans =
     2 * x^6 + 8 * x^5 + 15 * x^4 + 25 * x^3 + 25 * x^2 + 13 * x + 12
```

结果是 $c(x) = 2x^6 + 8x^5 + 15x^4 + 25x^3 + 25x^2 + 13x + 12$。

（3）多项式的除法

多项式的除法函数为 deconv，调用格式为：

```
[q,r] = deconv(a,b)
```

用于对多项式 a 和 b 进行除法运算，其中 q 返回多项式 a 除以 b 的商式，r 返回 a 除以 b 的余式。

【**例 2-8**】 求多项式 $a(x) = 3x^3 + 8x^2 + 7x + 2$ 除以 $b(x) = 4x^3 + 5x^2 + 2x + 3$ 的商。

```
>> A = [3 8 7 2];
>> B = [4 5 2 3];
>> [q,r] = deconv(A,B)
q =
    0.7500
r =
    0    4.2500    5.5000    -0.2500
```

（4）多项式的导函数

对多项式求导的函数用 polyder，调用格式为：

dp = polyder(P)

它的功能是求多项式 P 的导函数。

dp = polyder(P,Q)

用于求 $P * Q$ 的导函数。

[p,q] = polyder(P,Q)

用于求 P/Q 的导函数，导函数的分子存入 p，分母存入 q。

【**例 2-9**】 求 $p(x) = 4x^2 + 7$ 的导数。

```
>> P = [4 0 7];
>> dp = polyder(P)
dp =
    8    0
```

2.10.2 多项式的值与根

求多项式的值即求当多项式中的 x 为某一标量、某一向量或某一矩阵时，多项式的值为多少，求多项式值的命令为 polyval(P,x)。

求多项式的根是指当多项式为 0，即 $P(x) = 0$ 时的 x 值，求多项式根的命令为 roots(P)。

【**例 2-10**】 自定义一个多项式，分别求 x 为标量、向量和矩阵时的值。

```
>> P = [1 -3 0 4 -8];
>> poly2sym(P)
ans =
x^4 - 3 * x^3 + 4 * x - 8
>> polyval(P, -2)
ans =
    24
>> x = [1 2 3 4;3 2 4];
>> polyval(P,x)
ans =
    -6    -8    4    72
     4    -8   -8    72
```

【例 2-11】 求多项式 $x^5 - 4x^3 + 3x^2 - 8x + 37$ 的根。

```
>> P = [1 0 -4 3 -8 37];
>> roots(P)
ans =
    -2.7926
    1.8728 + 0.8644i
    1.8728 - 0.8644i
    -0.4765 + 1.6991i
    -0.4765 - 1.6991i
```

2.11 方程与方程的求解

方程分为 3 大类:线性方程、非线性方程和微分方程。在 MATLAB 中求解方程的函数有 roots、fsolve 和 fzero 等。

2.11.1 线性方程数值求解

线性方程的求根运算可以直接通过调用求根函数 roots( ) 来求解。

【例 2-12】 求解 $x^4 - 2x^3 + 3x - 8$ 的根。

```
>> P = [1 -2 0 3 -8];
>> roots(P)
ans =
    -1.5279
    2.1539
    0.6870 + 1.3996i
    0.6870 - 1.3996i
```

2.11.2 线性方程组数值求解

1) 直接法

求解方程 $AX = B$,只需要在命令窗口(其中 A 为系数矩阵,B 为常数矩阵)输入矩阵 A、B,然后利用左除公式 $X = A \backslash B$,即可输出 X,即为方程组的解。

【例 2-13】 对于 $AX = B$,如果 $A = \begin{bmatrix} 2 & 4 & 6 \\ 9 & 6 & 3 \\ 4 & 3 & 7 \end{bmatrix}$,$B = \begin{bmatrix} 7 \\ 9 \\ 6 \end{bmatrix}$,求解 X。

只需要在命令窗口输入以下命令即可:

```
>> A = [2 4 6;9 6 3;4 3 7];
>> B = [7;9;6];
>> X = A\B
X =
    0.0250
    1.3250
    0.2750
```

2）利用 linsolve 函数求解

命令格式：linsolve(A,B)，求解线性方程组 $Ax = B$。

【例 2-14】 解方程组 $\begin{cases} x + 2y - z = 2 \\ x + z = 3 \\ x + 3y = 8 \end{cases}$

只需要在命令窗口输入以下命令即可：

```
>> A = [1 2 -1;1 0 1;1 3 0];
>> B = [2;3;8];
>> x = linsolve(A,B)
x =
    -0.2500
     2.7500
     3.2500
```

2.11.3 非线性方程数值求解

通过调用函数 solve( ) 可以对非线性方程进行数值求解。

【例 2-15】 求解方程 $x - \sin x - \cos x = 0$。

```
>> solve('x - sin(x) - cos(x) = 0')
ans =
    1.2587281774926764586393911659652
```

此外，MATLAB 还可以通过调用函数快速实现数据的统计与分析、求解向量的内积与正交、数据的插值与拟合，以及插值拟合曲线的绘制。

常用的数据统计与分析的函数如表 2-13 所示。

表 2-13 数据统计与分析函数

数据分析函数	功　能	数据分析函数	功　能
cov(x)	协方差矩阵	rand(x)	均匀分布随机数
cross(x,y)	向量的向量积	randn(x)	正态分布随机数
cumsum(x)	列累计和	sort(x)	按升序排列
max(x),max(x,y)	最大分量	sum(x)	列的标准偏差
mean(x)	均值或列的平均值	diff(x)	计算元素之间差
min(x),min(x,y)	最小分量	dot(x,y)	向量的点积

【例 2-16】 求矩阵 $a = \text{magic}(5)$ 的每行及每列的最大元素和最小元素，并求整个矩阵的最大元素和最小元素。

```
>> a = magic (5)
a =
    17    24     1     8    15
    23     5     7    14    16
     4     6    13    20    22
    10    12    19    21     3
    11    18    25     2     9
```

```
>> max(a,[ ],2)                                           %求每行最大元素
ans =
    24
    23
    22
    21
    25
>> min(a,[ ],2)                                           %求每行最小元素
ans =
    1
    5
    4
    3
    2
>> max(a)                                                 %求每列最大元素
ans =
    23    24    25    21    22
>> min(a)                                                 %求每列最小元素
ans =
    4     5     1     2     3
>> max(max(a))                                            %求整个矩阵 a 的最大元素
ans =
    25
>> min(min(a))                                            %求整个矩阵 a 的最小元素
ans =
    1
```

【例 2-17】 求矩阵 $a = \text{magic}(5)$ 的平均值。

```
>> a = magic(5)
a =
    17    24    1     8     15
    23    5     7     14    16
    4     6     13    20    22
    10    12    19    21    3
    11    18    25    2     9
>> mean(a)
ans =
    13    13    13    13    13
```

思考与练习

1. 计算以下表达式：

（1） $\sin(45°)$；　　（2） e^3；　　（3） $\sqrt{2e^{4.92+0.5}+1}$；　　（4） $\dfrac{2\sin(0.3\pi)}{1+\sqrt{5}}$。

2. 创建 double 的变量,并计算:

(1) $a = 65$、$b = 170$,计算 $a + b$、$a - b$、$a * b$;

(2) 创建 uint 8 类型的变量,数值与(1)中的相同,进行相同的计算,并比较溢出情况。

3. 在 MATLAB 中如何建立矩阵 $\begin{bmatrix} 4+8i & 3+5i & 2-7i & 1+4i & 7-5i \\ 3+2i & 7-6i & 9+4i & 3-9i & 4+4i \end{bmatrix}$,并将其赋予变量 A?

4. 求解线性方程组 $\begin{cases} 5x_1 + 4x_3 + 2x_4 = 3 \\ x_1 - x_2 + 2x_3 + x_4 = 1 \\ 4x_1 + x_2 + 2x_3 = 1 \\ x_1 + x_2 + x_3 + x_4 = 0 \end{cases}$ 的解。

5. 利用基本矩阵产生 2×2 的单位矩阵 A、3×4 的均匀分布随机矩阵 B 和 4×4 的魔方矩阵 C。

6. 求方程 $x^3 - 2x^2 = 1$ 的根。

3

MATLAB 程序设计基础

3.1 M 文件

用 MATLAB 编写的程序,称为 M 文件。M 文件是由若干 MATLAB 命令组合在一起构成的,它可以完成某些操作,也可以实现某种算法。MATLAB 提供的内部函数以及各种工具箱,都是利用 MATLAB 命令开发的 M 文件,用户也可以根据自己的需要,开发具体的程序或工具箱。

3.1.1 M 文件的分类

M 文件可以根据调用方式的不同分为命令文件和函数文件,它们的扩展名都为. m,命令文件是将需要运行的命令编辑到一个命令文件中,然后在 MATLAB 命令窗口输入该命令文件的名字,就会顺序执行命令文件中的命令。

二者的主要区别如下:

(1) 命令文件没有输入参数,也不返回输出参数,而函数文件可以带输入参数,也可能返回输出参数。

(2) 命令文件对 MATLAB 工作空间中的变量进行操作,文件中所有命令的执行结果也完全返回到工作空间中,而函数文件中定义的变量为局部变量,当函数文件执行完毕时,这些变量被清除。

(3) 命令文件可以直接运行,在 MATLAB 命令窗口输入命令文件的名字,就会顺序执行命令文件中的命令;函数文件不能直接运行,而要以函数调用的方式运行。

3.1.2 M 文件的建立与打开

M 文件是一个文本文件,它可以用任何编辑程序来建立和编辑,而一般最为常用且方便的是使用 MATLAB 提供的文本编辑器编写。

1) M 文本编辑器

打开方式如下:首先点击 file\new\m-file,然后直接点击工具栏的"新建"图标,最后在命令窗口中输入 edit。文本编辑器英文为"editor/debugger",它兼有编辑与调试的作用,大部分菜单的工具栏与普通编辑器相同。

2) M 文件的建立与编辑

为建立新的 M 文件,启动 MATLAB 文本编辑器有 3 种方法:

(1) 菜单操作:单击 MATLAB 命令窗口的 File 菜单→New 菜单项→M-file 命令,将得到 M 文件窗口。在 M 文件窗口中输入 M 文件的内容,输入完毕后,选择此窗口 File 菜单的 save as 对话框。在对话框的 File 框中输入文件名(文件的扩展名必须为.m),然后选择 OK 按钮即完成新的 M 文件的建立。

这里需要注意,M 文件可以存放在 MATLAB 工作目录中,也可以是别的目录。如果是别的目录,则应该将该目录设定为当前目录或将其加到 MATLAB 的搜索路径中。

(2) 命令操作:在 MATLAB 命令窗口输入命令 edit,启动 MATLAB 文本编辑器后,输入 M 文件的内容并存盘。

(3) 快捷图标按钮操作:单击 MATLAB 命令窗口工具栏上的"New M-file"命令按钮 ,启动 MATLAB 文本编辑器后,输入 M 文件的内容并存盘。

3) 打开已有 M 文件

打开已有的 M 文件,有 3 种方法:

(1) 菜单操作:从 MATLAB 命令窗口的 File 菜单中选择 Open M-file 命令,则屏幕出现 Open 对话框,在 Open 对话框中的 File Name 框中输入文件名(必要时加上路径),或从右边的 Directories 框中打开这个 M 文件所在的目录,再从 File Name 下面的列表框中选中这个文件,然后按 OK 按钮即打开这个 M 文件。

在 M 文件窗口可以对打开的 M 文件进行编辑修改,在编辑完成后,选择 File 菜单中的 Save 命令,可以把这个编辑过的 M 文件保存下来。

(2) 命令操作:在 MATLAB 命令窗口输入命令"edit 文件名",则打开指定的 M 文件。

(3) 快捷图标按钮操作:单击 MATLAB 命令窗口工具栏上的 Open File 命令按钮 ,再从弹出的对话框中选择所需打开的 M 文件。

4) M 文件的保存方法

(1) 编写一个新的 M 文件后,点击工具栏快捷图标 save,或选取下拉菜单 File→save,则会弹出"保存"文件对话框,经过存放目录和文件名的选择,即可完成保存。

(2) 修改一个已有 M 文件后,点击工具栏快捷图标 save,或选取下拉菜单 File→save,则完成了文件的保存。

3.2　M 文件基础语法

MATLAB 可以认为是一种解释性语言,用户可以在 MATLAB 命令窗口键入命令,也可以在编辑器内编写应用程序,这样 MATLAB 软件对此命令或程序中各条语句进行翻译,然后在 MATLAB 环境下对它进行处理,最后返回运算结果。

3.2.1　MATLAB 语言结构

MATLAB 语言的基本语句结构为：

变量名列表 = 表达式

其中，等号左边的变量名列表为 MATLAB 语句的返回值，等号右边是表达式的定义，它可以是 MATLAB 允许的矩阵运算，也可以是函数调用。等号右边的表达式可以由分号结束，也可以由逗号或回车结束，但它们的含义是不同的，如果用分号结束，则左边的变量的结果将不在屏幕上显示，否则将把结果全部显示出来。

MATLAB 语言和 C 语言不同，在调用函数时 MATLAB 允许一次返回多个结果，这时等号左边是[ ]括起来的变量列表。

注意：表达式中的运算符号两侧允许有空格，以增加可读性。但在复数或符号表达式中要尽量避免，以防出错。在 MATLAB 的基本语句结构中，等号左边的变量名列表和等号一起可以省略，这时将把表达式的执行结果自动赋给变量"ans"，并显示到命令窗口中。

3.2.2　M 文件函数的编写

函数文件是另一种形式的 M 文件，它的第一行以 function 引导，作为函数声明。并且只能在文本编辑器中编辑。函数返回指令为 return；在函数体中可以有循环、分支与函数调用，并且允许自己调用自己（递归）。在以 function 为开头的函数格式定义后，最好有关于这个函数及其用法的详细说明，在命令窗口中运行"help 函数名"，可以显示这些内容。

函数文件的基本格式为：

function 输出形参表 = 函数名(输入形参表)
注释说明部分
函数体语句

其中，以 function 开头的一行为引导行，表示该 M 文件是一个函数文件。函数名的命名规则与变量名相同。输入形参为函数的输入参数，输出形参为函数的输出参数。当输出形参多于一个时，则应该用方括号括起来。

【例 3-1】　编写函数文件求半径为 r 的圆的面积和周长。

编写函数文件如下：

```
function [s,p] = fcircle(r)
% CIRCLE calculate the area and perimeter of a circle of radius r
%r          圆半径
%s          圆面积
%p          圆周长
s = pi * r * r
p = 2 * pi * r
```

将以上函数文件以文件名 fcircle.m 存盘，然后在 MATLAB 命令窗口调用该函数：

```
[s,p] = fcircle (10)
```

输出结果是:

```
s =
  314.1593
p =
  62.8319
```

这里需要注意:在文本编辑器中完成 M 函数的编写后,要以扩展名为"·m"的格式保存,文件名最好是函数名(不然 MATLAB 会认为函数名无效,而以文件名代替)。为了让 MATLAB 能够找到该函数,该函数必须保存在"当前目录"下,对于早期版本,可以通过在命令窗口输入"cd"查看,并通过类似于 DOS 的方法更改。

3.2.3　全局变量与局部变量

在 MATLAB 中,函数文件中的变量是局部的,与其他函数文件及 MATLAB 工作空间相互隔离,即在一个函数文件中定义的变量不能被另一个函数文件引用。如果在若干函数中,都把某一变量定义为全局变量,那么这些函数将公用这一变量。全局变量的作用域是整个 MATLAB 工作空间,即全程有效,所有的函数都可以对它进行存取和修改。因此,定义全局变量是函数间传递信息的一种手段。

全局变量用 global 命令定义,格式为:

global 变量名

在实际编程时,可以在所有需要调用全局变量的函数里定义全局变量,这样就可以实现数据共享。在函数文件里,全局变量的定义语句应放在变量使用之前,为了便于了解所有的全局变量,一般把全局变量的定义语句放在文件的前部。

值得指出的是,在程序设计中,全局变量固然可以带来某些方便,但却破坏了函数对变量的封装,降低了程序的可读性。因而,在结构化程序设计中,全局变量不受欢迎。如果一定要使用全局变量,最好给它起一个能反映变量含义的名字,以免和其他变量混淆。

3.3　M 文件的程序控制

在 MATLAB 程序设计中,有一些命令可以控制语句的执行,如顺序语句、条件语句、循环语句以及支持用户交互的命令等。

其中顺序语句、条件语句、循环语句的具体结构如图 3-1 所示,任何复杂的程序都可以由这 3 种基本结构构成。MATLAB 提供了实现控制结构的语句,利用这些语句可以编写解决实际问题的程序。

由于这些结构经常包含大量的 MATLAB 命令,故经常出现在 M 文件中,而不是直接加在 MATLAB 提示符下。

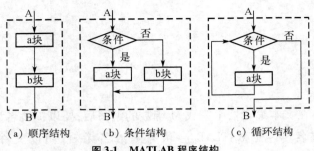

（a）顺序结构　　（b）条件结构　　　（c）循环结构

图 3-1　MATLAB 程序结构

3.3.1　顺序结构

顺序程序结构是一种最简单的程序结构，将 MATLAB 语句按先后次序排列即可。系统在编译程序时，按照程序中语句的排列顺序从上到下依次执行，直到程序的最后一个语句。这种程序容易编制，但是结构单一，能够实现的功能有限。

【例 3-2】

```
a = 1;b = 2;c = 3;
s1 = a + b;
s2 = s1 + c;
s3 = s2/s2;
```

顺序结构一般涉及数据的输入、数据的计算或处理、数据的输出等内容。

1）数据的输入

MATLAB 提供了一些输入输出函数，允许用户和计算机之间进行数据交换。如果用户想给计算机输入一个参数，则可以使用 input 函数来进行，该函数的调用格式为：

A = input（提示信息，选项）；

其中，"提示信息"可以为一个字符串，它用来提示用户输入什么样的数据。

如果用户想输入 A 矩阵，则可以采用下面的命令来完成：

A = input（'输入 A 矩阵：'）；

执行该语句时，首先在屏幕上显示提示信息"输入 A 矩阵："，然后等待用户从键盘按MATLAB 规定的格式输入 A 矩阵的值。

如果在 input 函数调用时采用"s"选项，则允许用户输入一个字符串。例如，想输入一个人的姓名，可采用命令：

xm = input（'What"s your name?'，'s'）；

2）数据的输出

MATLAB 提供的命令窗口输出函数主要有 disp 函数，其调用格式为：

disp（输出项）

其中，"输出项"既可以为字符串，也可以为矩阵。例如：

```
A = 'Hello, MATLAB';
disp(A)
```

输出为:

Hello, MATLAB

又如:

```
A = [1,2,3;4,5,6;7,8,9];
disp(A)
```

输出为:

```
1  2  3
4  5  6
7  8  9
```

需要注意,与前面介绍的矩阵显示方式不同,用 disp 函数显示矩阵时将不显示矩阵的名字,而且其输出格式更紧密,且不留任何没有意义的空行。

【例 3-3】　建立一个命令文件将变量 a,b 的值互换。

编写 M 文件实现 a,b 值互换,并保存文件名为 e31. m。如下:

```
a = 1:9;
b = [11,12,13;14,15,16;17,18,19];
c = a;a = b;b = c;
a
b
```

在 MATLAB 的命令窗口中输入 e31,将会执行该命令文件。

【例 3-4】　求一元二次方程 $a^2 + bx + c = 0$ 的根。

```
a = input('a = ?');
b = input('b = ?');
c = input('c = ?');
d = b * b - 4 * a * c;
x = [( - b + sqrt(d))/(2 * a),( - b - sqrt(d))/(2 * a)]
```

将该程序以 aa. m 文件存盘,然后运行 aa. m 文件。

3.3.2　条件结构

条件结构是根据给定的条件成立或不成立,分别执行不同的语句。MATLAB 中常用的条件语句有 if 语句、switch 语句。

1) if 语句

在 MATLAB 中,if 语句有 3 种格式。

（1）if-end 语句,格式如下:

```
if　条件
　　语句组
end
```

当条件成立时,执行语句组,执行完成后继续执行 if 语句的后继语句;若条件不成立,则直接执行 if 语句的后继语句。例如,当 x 是整数矩阵时,输出 x 的值,语句如下:

```
if   fix(x) = = x
     disp(x);
end
```

（2）if-else-end 语句,格式如下:

```
if   条件
        语句组
else
        语句组
end
```

当条件成立时,执行语句组 1,否则执行语句组 2,语句组 1 或语句组 2 执行后,再执行 if 语句的后继语句。

【例 3-5】 输入数 n,判断其正负性。

解 程序如下:

```
m = input(' m = '),"
if   m < 0
   disp(' m 为负数!'),
   else
   disp(' m 为正数!'),
      end
      m = -9
      m =
          -9
      m 为负数!
      m = 7
      m =
          7
      m 为正数!
```

（3）if-elseif-end 语句,格式如下:

```
if   条件 1
        语句组 1
elseif   条件 2
        语句组 2
            ……
elseif   条件 m
        语句组 m
else
        语句组 n
end
```

【例 3-6】 输入数 n,判断其正负及奇偶性。

解 程序如下:

```
n = input(' n = '),
```

```
if   n < 0
    A = '负数',
elseif rem(n,2) = = 0
    A = '偶数',
else
    A = '奇数'
end
n = 5
n =
    5
A =
    奇数
```

2）switch 语句

switch 语句与 if 语句类似，switch 语句根据变量或表达式的取值不同，分别执行不同的命令。其语法格式如下：

```
switch   表达式
   case   表达式值 1
          语句体 1
   case   值表达式值 2
          语句体 2
   ……
   otherwise
          语句组 n
   end
```

【例 3-7】 根据变量 num 的值来决定显示的内容。

解 程序如下：

```
num = input('请输入一个数');
 switch num
  case -1
      disp('I am a teacher.');
  case 0
      disp('I am a student.');
  case 1
      disp('You are a teacher.');
  otherwise
      disp('You are a student.');
  end
```

【例 3-8】 输入月份显示季节。

解 编写 M 文件如下：

```
s = input('input month: ');
switch s
   case {3,4,5};
       '春'
   case {6,7,8};
```

```
            ′夏′
    case {9,10,11};
            ′秋′
    case {12,1,2};
            ′冬′
end
```

在 MATLAB 命令窗口中调用该 M 文件,结果如下:

```
>>exm_1
    input month:12
    ans =
        冬
```

值得注意的是,当 case 的值为多个时,需要用大括号括住全部值,并用逗号隔开。

3.3.3　循环结构

循环是指按照给定的条件,重复执行指定的语句,这是一种十分重要的程序结构。MATLAB 中提供了两种实现循环结构的语句:for 语句和 while 语句。

1) for 循环语句

for 语句是一种计数循环语句,使用较为灵活,一般用于循环次数已确定的情况,for 语句的格式为:

```
for 循环变量 = 表达式 1:表达式 2:表达式 3
    循环体语句
end
```

其中,表达式 1 的值为循环变量的初值,表达式 2 的值为步长,表达式 3 的值为循环变量的终值。步长为 1 时,表达式 2 可以省略。如果步长为正值,当循环变量的值大于终止值时,将结束循环;如果步长为负值,当循环变量的值小于终止值时,将结束循环。for 循环允许嵌套使用,但在使用的过程中要注意,每一个 for 要与一个 end 相匹配,否则将会出错。

【例 3-9】　一个 3 位整数,各位数字的立方和等于该数本身,则称该数为水仙花数。编写程序输出全部水仙花数。

解　编写程序如下:

```
for m = 100:999
    m1 = fix(m/100);
    m2 = rem(fix(m/10),10);
    m3 = rem(m,10);
    if m = = m1 * m1 * m1 + m2 * m2 * m2 + m3 * m3 * m3
            disp(m)
    end
end
```

输出结果为:

```
153
370
```

371
407

【例 3-10】 已知 $y = 1 + 2 + \cdots + n$，利用 for 语句求解当 $n = 1\ 000$ 时，y 的值。

解 编写程序如下：

```
y = 0;N = 1000
  for n = 1:N;
     y = y + n;
  end
     y
```

输出结果为：

```
y =
  500500
```

2）while 循环语句

while 语句是条件循环语句，与 for 循环语句相比，while 语句一般用于不能确定循环次数的情况，它的判断控制可以是一个逻辑判断语句，因此它的应用更加灵活。while 循环语句的格式如下：

```
while 表达式
        循环体语句
end
```

当逻辑表达式的值为真时，执行循环体；当表达式的值为假时，终止循环，执行 end 后面的语句。当逻辑表达式的计算对象为矩阵时，只有当矩阵中所有元素均为真时，才执行循环体。当表达式为空矩阵时，不执行循环体。有时也可以用函数 all( ) 和 any( ) 等把矩阵表达式转换成标量。

【例 3-11】 从键盘输入若干个数，当输入 0 时结束输入，求这些数的平均值和它们之和。

解 编写程序如下：

```
sum = 0;
cnt = 0;
val = input('Enter a number (end in 0): ');
while val ~ = 0
    sum = sum + val;
    cnt = cnt + 1;
    val = input('Enter a number (end in 0): ');
end
if cnt > 0
  sum
  mean = sum/cnt
end
```

输出结果为：

```
Enter a number (end in 0):43
Enter a number (end in 0):54
```

```
Enter a number（end in 0）:0
sum =
      145
mean =
      36.2500
```

3）break 语句和 continue 语句

与循环结构相关的语句还有 break 语句和 continue 语句，它们一般与 if 语句配合使用。其中，break 语句用于终止循环的执行。如果遇到 break 语句，则退出循环体，继续执行循环体外的下一行语句；continue 语句控制跳过循环体中的某些语句，当在循环体内执行到该语句时，程序将跳过循环体中所有剩下的语句，继续下一次循环。

【例 3-12】 求[100,200]之间第一个能被 21 整除的整数。

解 编写程序如下：

```
for n = 100:200
    if rem(m,21) ~ = 0
      continue
    end
    break
    end
    n
```

程序输出为：

```
n =
    105
```

4）循环的嵌套

如果一个循环结构的循环体又包括一个循环结构，就称为循环的嵌套，或称为多重循环结构。多重循环的嵌套层数可以是任意的。可以按照嵌套层数，分别叫做二重循环、三重循环等。处于内部的循环叫做内循环，处于外部的循环叫做外循环。

【例 3-13】 求[100,1000]以内的全部素数。

解 编写程序如下：

```
n = 0;
 for m = 100:1000
     flag = 1; j = m - 1;
     i = 2;
     while i < = j & flag
         if rem(m,i) = = 0
         flag = 0;
     end
         i = i + 1;
     end
     if flag
         n = n + 1;
         prime(n) = m;
     end
```

　　end
　　prime %变量 prime 存放素数

3.3.4　交互语句

　　在大部分程序设计中,经常要用到输入/输出控制、提前终止循环、跳出子程序、显示出错信息等,此时就要用到交互语句来控制程序流的进行。

　　1)输入/输出命令

　　input 命令用来提示用户从键盘输入数据、字符串或表达式。语法格式如下:

　　(1) user_entry = input('prompt')

　　其中,单引号中的内容是在屏幕上显示的提示信息,等待用户的输入,把结果赋给变量 user_entry。

　　(2) user_entry = input('prompt', 's')

　　加上参数 s 后,返回的字符串作为文本变量而不是作为变量名或数值。例如:

　　>>R = input('What is your name?', 's')

　　如果没有输入任何字符,而只是按下 Enter 键,input 将返回一个空矩阵。在提示信息的文本字符串中可能包含'\n'。'\n'表示输出,它允许用户的提示字符串显示为多行输出。

　　2)等待用户响应命令

　　pause 命令用于暂时中止程序的运行。当程序运行到此命令时,程序暂时中止,然后等待用户按任意键继续进行。该命令在程序的调试过程和用户需要查询中间结果时十分有用。其语法格式为:

　　(1) pause:pause 命令暂停程序执行,等待用户反应,用户单击任意键后,程序重新开始执行。

　　(2) pause(n):n 秒后继续运行。

　　(3) pause on:显示并执行 pause 命令。

　　(4) pause off:显示但不执行该命令。

　　3)中断命令

　　break 命令通常用在循环语句或条件语句中,通过使用该命令,可以中止循环,并跳出循环。

　　4)continue 命令

　　该命令经常与 for 或 while 循环语句一起使用,在循环体中遇到该命令,即结束该次循环,接着进行下一次循环。

　　5)return 命令

　　该命令能够使得当前函数正常退出,这个语句经常用于函数的末尾,以正常结束函数的调用。也可以用在其他地方,根据特定条件进行判断,然后根据需要结束函数的调用。

　　6)error 命令

　　在进行程序设计时,很多情况下会出现错误,此时如果能够及时把错误显示出来,这样

就可以根据错误信息找到错误的根源。利用 error 命令就可以给出程序的错误信息,该命令语法格式如下:

error('message')

显示错误信息,并将控制权交给键盘。提示的错误信息是字符串 message 的内容。如果 message 是空的字符串,则 error 命令将不起作用。

7)warning 命令

该命令的用法与 error 语句类似,与 error 不同的是,函数 warning()不会中断程序的执行,而仅给出警告信息,该命令的语法格式如下:

warning('message')

用于显示文本警告信息。

8)echo 命令

一般情况下,M 文件执行时,在命令窗口中看不到文件中的命令。但在某些情况下,需要显示 M 文件的执行情况,为此需要将 M 文件中的命令在执行过程中显示出来,此时可以应用 echo 命令。该命令的语法格式如下:

(1)echo on/off:打开(关闭)echo 命令。

(2)echo:在打开、关闭 echo 命令之间切换。

(3)echo filename on/off:打开(关闭)文件名为 filename 的 M 文件。

(4)echo on/off all:打开(关闭)所有的 M 文件。

3.4　程序的调试

在进行 MATLAB 程序设计或开发函数 M 文件过程中,不可避免地会出现错误。因此掌握一定的高度技巧,对于提高编程效率是大有益处的。在 MATLAB 中,M 文件编辑器提供了相应的程序调试功能,通过这些功能可以对已经编写好的程序进行调试运行。

3.4.1　错误的产生

在 MATLAB 程序设计或开发函数 M 文件过程中,容易产生两类错误:语法错误和运行时的错误。

1)语法错误

当 MATLAB 计算一个表达式的值或一个函数被编译到内在时会发现语法错误,一旦发现语法错误,MATLAB 立即标记这些错误,并提供有关所遇到的错误类型,以及发生错误处 M 文件的行数。给定这些反馈信息,就很容易纠正这些错误。

2)运行错误

运行时的错误是指当程序试图执行一个系统不能运行的动作时导致的错误,当发现运行错误时,MATLAB 把控制权返回给命令窗口和 MATLAB 的工作空间,失去了对发生错误的函数空间的访问权,用户不能询问函数工作空间中的内容排除问题。因此,尽管 MATLAB 标记了运行错误,但若想找出错误却比较困难,一般情况下可采用下列技术:

(1)在运行错误可能发生的 M 文件中,删除某些语句句末的分号可以显示一些中间计算结果,从中可以发现问题。

(2)注释 M 函数文件中的函数定义行,即在该行前加上%,将 M 函数文件转变成 M 脚本文件,这样在程序运行出错时就可查看 M 文件中产生的变量。

(3)使用 MATLAB 调试器可以查找 MATLAB 程序的运行错误,因为它允许访问函数空间。可以设置和清除运行断点,还可以单步执行 M 文件,这些功能都有助于找到出错的位置。

(4)利用 echo 命令,可以在运行时将文件的内容显示在屏幕上。echo on 用于显示命令文件的执行过程,但不显示被调用函数文件的内容,如果希望检查函数文件中的内容,用 echo Function name on 显示文件名为"Function name"的函数文件的执行过程。echo off 用于关闭命令文件的执行过程显示,echo Function name off 用于关闭函数的执行过程显示。

另外,含有选择结构和循环结构的程序,比只含简单的顺序结构的程序出错的概率大得多。

3.4.2 调试菜单

MATLAB 的 M 文件编辑器除了能编辑、修改文件外,还可以对程序进行调试。通过调试菜单,可以查看和修改函数工作空间中的变量,从而准确地找到运行错误。通过调试菜单设置断点可以使程序运行到某一行暂停运行,这时可以查看和修改各个工作空间中的变量。通过调试菜单可以一行一行地运行程序。点击 MATLAB 菜单栏中的 Debug 选项,即可打开调试菜单,如图 3-2 所示。

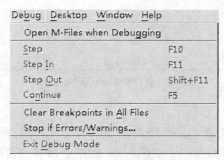

图 3-2　MATLAB 调试菜单

1）控制单步运行

控制单步运行的菜单命令共有 4 个。在程序运行之前,有些菜单命令未激活,只有当程序中设置了断点,且程序停止在第一个断点处时,这些菜单命令才被激活,这些菜单命令如下:

(1)Step:单步运行。每单击一次,程序运行一次,仍单步运行。

(2)Step In:单步运行。遇到函数时进入函数内,仍单步运行。

（3）Step Out：停止单步运行。如果是在函数中，跳出函数；如果不在函数中，直接运行到下一个断点处。

（4）Go Until Cursor：直接运行到光标所在的位置。

2）断点操作

有关断点操作的菜单命令共有 5 个，包括在程序中设计和清除断点以及设置停止条件。

（1）Set/Clear Breakpoint：设置或清除断点。

（2）Set/Modify Conditional Breakpoint：设置或修改条件断点。条件断点可以使程序运行到满足一定条件时停止。

（3）Enable/Disable Breakpoint：使断点有效或无效。

（4）Clear Breakpoints in All Files：清除所有断点。

（5）Stop if Errors/Warnings：在程序执行出现错误或警告时，停止程序运行，进入调试状态，不包括 try…catch 语句中的错误。

【例 3-14】 在 MATLAB 编辑窗口，如图 3-3 所示，有一个产生高斯分成函数动态图形的程序 ball. m，试设置断点来控制程序执行。

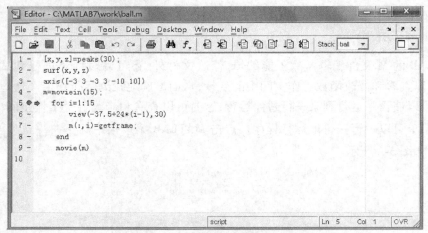

图 3-3　通过断点控制程序的运行

调试步骤如下：

（1）在程序第 5 行设置断点：将插入点移至第 5 行，选择 Debug 菜单中的 Set/Clear Breakpoint 命令，则在该行前面有一个红色圆点，程序运行时，将在断点处暂停。

（2）运行程序，检查中间结果。在命令窗口输入命令：

perfect

当程序运行到断点处时，在断点和文本之间会出现一个绿色箭头，表示程序运行至此停止。

在命令窗口提示符"K>>"后输入变量名，检查变量的值。据此，可以分析判断程序的正确性。

（3）选择 Debug 菜单中的 Continue 命令或按 F5 键，程序继续运行，在断点处又暂停，这时又可能输入变量名,检查变量的值。如此重复,一直到发现问题为止。

（4）切换工作空间,结束对程序的调试。打开编辑窗口中的 Stack 下拉列表,从表中选择 base,即将工作空间切换到主工作空间。然后选择 Debug 菜单中的 Set/Clear Breakpoint 命令清除已设置的断点,这时在最后一行前面的红色圆点去除,绿色箭头变为白色箭头。再选择 Debug 菜单中的 Continue 命令,去除白色箭头,完成调试。

3.4.3　调试命令

除了采用调试器调试程序外,MATLAB 还提供了一些命令用于程序调试,如表 3-1 所示。

表 3-1　调试命令

命　　令	功　　能
dbstop	设置断点
dbclear	清除已设置好的断点
dbcont	继续执行
dbdown/dbup	修改当前工作空间的上、下文关系
dbquit	退出调试状态
dbstack	显示当前堆栈的状态
dbstatus	显示所有已设置的断点
dbstep	执行应用程序的一行或者多行代码
dbtype	显示 M 文件代码和相应的行号

表中命令的功能和调试器菜单命令类似,具体使用方法可以查询 MATLAB 帮助文档。

思考与练习

1. 什么叫 M 文件? 如何建立并执行一个 M 文件?
2. 程序的基本控制语句有哪几种? 在 MATLAB 中如何实现?
3. 什么叫函数文件? 如何定义和调用函数文件?
4. 利用 for 循环求 $1! + 2! + 3! + \cdots + 20!$ 的值。
5. 用 while 循环求 $1 \sim 100$ 之间的偶数之和。
6. 编写一个求圆的面积的函数文件和命令文件。
7. 输入 20 个数,求其中最大数和最小数。要求分别用循环结构和调用 MATLAB 的 max 函数、min 函数来实现。
8. 判断 if 语句以下几种表现形式。

（1）if 表达式
　　　　语句体
　　end

（2）if 表达式
　　　　语句体 1

```
        else
            语句体 2
        end
```

（3）if 表达式 1
　　　　语句体 1
　　elseif 表达式 2
　　　　语句体 2
　　end

（4）if 表达式 1
　　　　语句体 1
　　elseif 表达式 2
　　　　语句体 2
　　else
　　　　语句体 3
　　end

9. 计算分段函数的值

$$
\begin{cases}
\dfrac{x + \sqrt{\pi}}{e^2}, & x \leqslant 0 \\[2mm]
\dfrac{1}{2}\ln\left(x + \sqrt{1 + x^2}\right) & x > 0
\end{cases}
$$

10. 下面的语句用来判断一个人的体温是否处于危险状态。以下语句是否正确？如果不正确，指出错在哪里，并写出正确答案。

```
temp = input('输入人的体温值:temp = ');
if temp < 36.5
    disp('体温偏低!');
elseif temp > 36.5
    disp('体温正常。');
elseif temp > 38.0
    disp('体温偏高!');
elseif temp > 39.0
    disp('体温高!!');
end
```

11. 已知 $y = 1 + \dfrac{1}{3} + \dfrac{1}{5} + \cdots + \dfrac{1}{2n-1}$，当 $n = 100$ 时，求 y 的值。

12. 求 $[100, 200]$ 之间第一个能被 21 整除的整数。

4

MATLAB 图形绘制

MATLAB 具有强大的绘图和可视化功能,能绘制各种二维图形、三维曲线图和三维曲面图,并且可以根据用户需要进行插值绘图,对图形进行精细化处理。

MATLAB 有两类绘图命令,一类是直接对图形句柄进行操作的低层绘图命令,另一类是在低层命令基础上建立起来的高层绘图命令。另外,MATLAB 兼具动画功能,通过一定速度显示一组图像达到动画制作和播放的效果。

4.1 二维图形的绘制

在 MATLAB 中,绘制二维曲线是最为简便的,如果将 x 轴和 y 轴的数据分别保存在两个向量中,同时向量的长度完全相等,那么可以直接调用函数进行二维图形的绘制。在 MATLAB中,绘图命令 plot 用于绘制 x-y 坐标图;loglog 命令用于绘制对数坐标图;semilogx 和 semilogy 命令用于绘制半对数坐标图;polar 命令用于绘制极坐标图。

4.1.1 绘制二维曲线图

plot 是绘制二维曲线的基本函数,在使用此函数之前,我们需预先定义曲线上每一点的 x 及 y 的坐标。例如,有两个长度的向量 x 和 y,利用 $plot(x,y)$ 就可以自动绘制出二维图形来。如果打开了图形窗口,则在最近打开的图形窗口中绘制此图;如果未打开图形窗口,则打开一个新的窗口绘图。

1) plot 函数的基本用法

plot 函数的基本调用格式为:

plot(x,y)

其中,x 和 y 为长度相同的向量,分别用于存储 x 坐标和 y 坐标数据。

(1) 绘制单根二维曲线

【例 4-1】 在 $(0 \sim 2\pi)$ 区间内,绘制曲线 $y = \sin x$。

解 编写程序如下:

```
x = 0:pi/100:2 * pi;
y = sin(x);
plot(x,y);
```

程序执行后,打开一个图形窗口,在该图形窗口绘制出的二维曲线如图 4-1 所示,系统默认的设置为蓝色的连续线条。

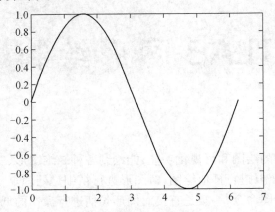

图 4-1 $y = \sin x$ 的曲线图形

【例 4-2】   在 $0 \leqslant x \leqslant 2\pi$ 区间内,绘制曲线 $y = 2\mathrm{e}^{-0.5x}\cos(4\pi x)$。

解   编写程序如下:

$x = 0 : \mathrm{pi}/100 : 2 * \mathrm{pi};$
$y = 2 * \exp(-0.5 * x). * \cos(4 * \mathrm{pi} * x);$
$\mathrm{plot}(x, y);$

程序求函数值 y 时,指数函数和余弦函数之间要用点乘运算。程序执行后,在图形窗口中绘制出的二维曲线如图 4-2 所示。

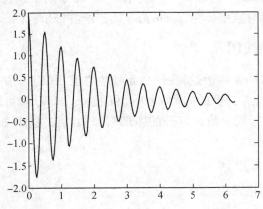

图 4-2 $y = 2\mathrm{e}^{-0.5x}\cos(4\pi x)$ 的曲线图形

(2)绘制多根二维曲线

当 plot( ) 函数的输入参数是向量时,绘制单根曲线,这是最基本的用法。在实际应用中,plot( ) 函数的输入参数也可以是矩阵形式,这时将在同一坐标中以不同颜色绘制多根曲线。含有多个输入参数的 plot( ) 函数调用格式为:

plot(x1, y1, x2, y2, ⋯, xn, yn)

在命令窗口输入以下命令:

```
>> x = (0:0.1:2 * pi);
>> plot(x, sin(x), x, cos(x));
```

将会在图形窗口显示如图 4-3(a)所示的图形。

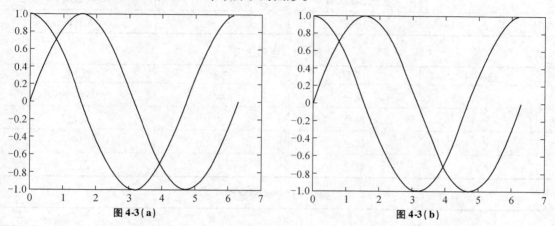

图 4-3(a)　　　　　　　　　　　　　　　　　图 4-3(b)

并且可以指定不同的线型和色彩,若要改变颜色,在坐标对后面加上相应属性即可。

在命令窗口输入以下命令:

```
>> plot(x, sin(x), 'c', x, cos(x), 'g');
```

将会在图形窗口显示如图 4-3(b)所示的图形。

若要同时改变颜色及图线型态(Line style),同样也是在坐标对后面加上相应属性即可。

```
>> plot(x, sin(x), 'co', x, cos(x), 'g * ');
```

运行命令后在图形窗口显示的图形如图 4-3(c)所示。

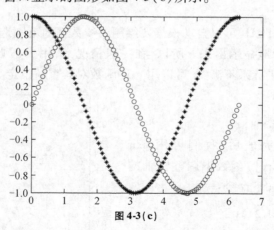

图 4-3(c)

为了能够在 plot( )函数中控制曲线的各种样式,MATLAB 提供了不同的曲线样式属性值,包括色彩、线型和数据点标记符号。常用的曲线样式属性值如表 4-1 ~ 表 4-3 所示,它们可以组合使用。例如,"r - ."表示的是红色点划线,"b: d"表示的是蓝色虚线并用菱形符标记数据点。

表 4-1　线型选项

选项	线型	选项	线型
–	实线(默认值)	– .	点划线
:	虚线	– –	双划线

表 4-2　色彩选项

选项	线型	选项	线型
b	蓝色	m	品红色
g	绿色	y	黄色
r	红色	k	黑色
c	青色	w	白色

表 4-3 标记符号选项

选项	线型	选项	线型
.	点	V	朝下三角符号
O	圆圈	^	朝上三角符号
X	叉号	<	朝左三角符号
+	加号	>	朝右三角符号
*	星号	p(pentagram)	五角星符
s(square)	方块符	h(hexagram)	六角星符
d(diamond)	菱形符		

2) 坐标控制

在绘制图形时,MATLAB 可以自动根据要绘制曲线数据的范围选择合适的坐标刻度,使得曲线能够尽可能清晰地显示出来。所以,在一般情况下,用户不必选择坐标轴的刻度范围。但是,如果用户对坐标系不满意,可以用 axis 函数对其重新设定。

函数的调用格式为:

axis([xmin,xmax,ymin,ymax])

对于上面的图形完成后,我们可用 axis([xmin,xmax,ymin,ymax])函数来调整图轴的范围,在命令窗口输入如下命令:

>> axis([0,6,-1.2,1.2]);

在图形窗口显示的图形如图 4-3(d)所示。

axis 函数功能丰富,常用的格式还有:

(1) axis equal:纵、横坐标轴采用等长刻度。

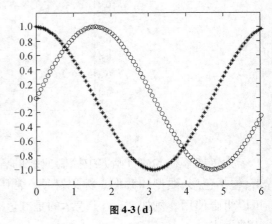

图 4-3(d)

（2）axis square：产生正方形坐标系（默认为矩形）。

（3）axis auto：使用默认设置。

（4）axis off：取消坐标轴。

（5）axis on：显示坐标轴。

给坐标加网格线用 grid 命令来控制，即 grid on/off 命令用来控制是画网格线还是不画网格线，不带参数的 grid 命令在两种状态之间进行切换。

给坐标加边框用 box 命令来控制，即 box on/off 命令用来控制是加边框线还是不加边框线，不带参数的 box 命令在两种状态之间进行切换。

3）图形标注

此外，MATLAB 在绘制图形的同时，可以对图形加上一些说明，如图形名称、坐标轴说明以及图形某一部分的含义等，这些操作称为添加图形标注，以使图形的意义更加明确，可读性更强。常用的图形标注函数的调用格式为：

title('图形名称')
xlabel('x 轴说明')
ylabel('y 轴说明')
text(x,y,图形说明)
legend('图例 1','图例 2',……)

其中，title 和 xlabel、ylabel 函数分别用于说明图形和坐标轴的名称。text 函数是在(x, y)坐标处添加图形说明。legend 函数用于绘制曲线所用线型、颜色或数据点标记图例，图例放置在图形空白处，用户还可以通过鼠标移动图例，将其放到所希望的位置。

一般情况下，每执行一次绘图命令，就刷新一次当前图形窗口，图形窗口原有的图形将不复存在。若希望在已存在的图形上再继续添加新的图形，可使用图形保持命令 hold。hold on/off 命令用来控制是保持原有图形还是刷新原有图形，不带参数的 hold 命令在两种状态之间进行切换。

【例 4-3】　在 $0 \leqslant x \leqslant 2\pi$ 区间内，绘制曲线 $y_1 = e^{-0.5x}\sin(2\pi x)$ 及曲线 $y_2 = 3e^{-0.1x}\sin(x)$。

解　编写程序如下：

```
x = 0:0.01:2 * pi;
y1 = exp( - 0.5 * x). * sin(2 * pi * x);
y2 = 3 * exp( - 0.1 * x). * sin(2 * x);
plot(x,y1,x,y2)
title('y1,y2');
xlabel('Variable x');
ylabel('Variable y');
legend('y1','y2')
grid on
```

程序执行后，打开一个图形窗口，在该图形窗口绘制出的二维曲线如图 4-4 所示。

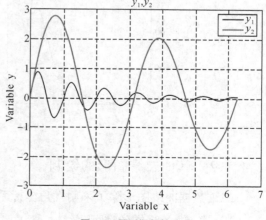

图 4-4　图形添加标注

4) 图形窗口的分割

在实际应用中,经常需要在一个图形窗口内绘制若干个独立的图形,这就需要对图形窗口进行分割。分割后的图形窗口由若干个绘图区域组成,每一个绘图区可以建立独立的坐标系并绘制图形。同一图形窗口中的不同图形称为子图。MATLAB 中的 subplot 函数,可以将当前图形窗口分割成若干个绘图区域。每个区域代表一个独立的子图,也是一个独立的坐标系,可以通过 subplot 函数激活某一区域,此时该区域为活动区,所执行的绘图命令都是作用于活动区域。subplot 函数的调用格式为:

subplot(m,n,p)

该函数将当前图形窗口分成 $m \times n$ 个绘图区域,即每行 n 个,共 m 行,p 为当前的活动区。在每一个绘图区域允许以不同的坐标系单独绘制图形。

【**例 4-4**】 利用 subplot 函数同时画出数个小图形于同一个视窗之中。

解 在命令窗口输入以下命令:

subplot(2,2,1); plot(x, sin(x));
subplot(2,2,2); plot(x, cos(x));
subplot(2,2,3); plot(x, sinh(x));
subplot(2,2,4); plot(x, cosh(x));

程序运行结果如图 4-5 所示。

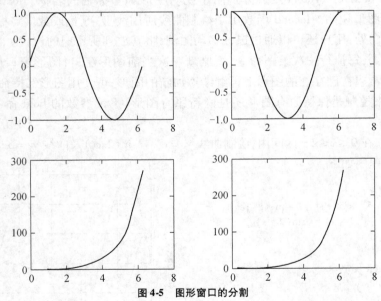

图 4-5   图形窗口的分割

4.1.2   其他二维图形的绘制

二维数据曲线图形除了采用直角坐标系外,还可以采用对数坐标系或者是极坐标系。

1) 自适应采样绘图函数

前面介绍的 plot 函数,基本的操作方法为:先取足够稠密的自变量向量 x,然后计算出函

数值向量 y,最后用绘图函数绘图。在取数据时一般都是等间隔采样,这对绘制高频率变化的函数不够精确。为了提高精度,提高图形的真实度,可以采用 fplot 函数,它可以自适应地对函数进行采样,能更好地反映函数的变化规律。fplot 函数的调用格式为:

fplot(fname,lims,tol,选项)

fname 为函数名,以字符串形式出现。lims 为 x、y 的取值范围,以行向量形式出现。tol 为相对允许误差,其系统默认值为 $2e-3$。选项定义与 plot 函数相同。例如:

fplot($'\sin(x)'$,$[0,2*pi]$,$'*'$)
fplot($'[\sin(x),\cos(x)]'$,$[0,2*pi,-1.5,1.5]$,$1e-3$,$'r.'$)

观察上述语句绘制的正、余弦曲线采样点的分布,可以发现曲线变化率大的区段,采样点比较密集。

【例 4-5】 利用 fplot 函数绘制 $f(x) = \cos(\tan(y = 2e^{-0.5x}))$ 的曲线。

解 编写程序如下:

fplot($'\cos(\tan(pi*x))'$,$[0,1]$,$1e-4$,$'c'$)

命令执行后,得到如图 4-6 所示的曲线。由图中可以看出,在 $x=0.5$ 附近采样点十分密集。

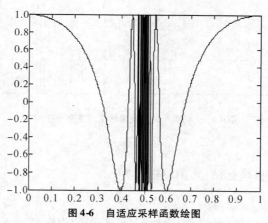

图 4-6 自适应采样函数绘图

2) 对数坐标图形

在工程应用中,经常用到对数坐标,如控制理论系统中的 Bode 图采用的就是对数坐标。MATLAB 提供了绘制对数和半对数坐标曲线的函数,其调用格式为:

semilogx(x1,y1,选项 1,x2,y2,选项 2,…)
semilogy(x1,y1,选项 1,x2,y2,选项 2,…)
loglog(x1,y1,选项 1,x2,y2,选项 2,…)

选项的定义与 plot 完全一致,所不同的是坐标轴的选取。semilogx 函数使用半对数坐标,x 轴为常用对数刻度,y 轴仍然保持为线性刻度;semilogy 函数也使用半对数坐标,y 轴为常用对数刻度,x 轴仍然保持线性刻度;loglog 函数使用全对数坐标,x 轴和 y 轴均采用常用对数刻度。

【例 4-6】 绘制 $y = 10x^2$ 的对数坐标图,并与直角线性坐标图进行比较。

解 编写程序如下:

```
y = 10 * x.^2;
subplot(2,2,1); plot(x,y); title('plot(x,y)'); grid on;
subplot(2,2,2); semilogx(x,y); title('semilogx(x,y)'); grid on;
subplot(2,2,3); semilogy(x,y); title('semilogy(x,y)'); grid on;
subplot(2,2,4); loglog(x,y); title('loglog(x,y)'); grid on;
```

运行命令后,得到如图 4-7 所示的图形。

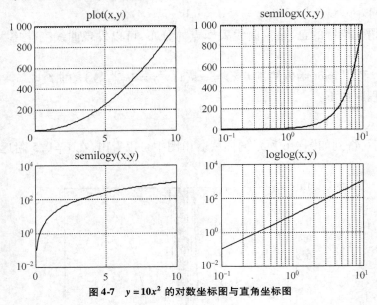

图 4-7 $y = 10x^2$ 的对数坐标图与直角坐标图

3）极坐标图形

polar 函数用来绘制极坐标图,其调用格式为:

polar(theta, rho, 选项)

其中,theta 为极坐标极角,rho 为极坐标矢径,选项的内容与 plot 函数相似。

【例 4-7】 绘制 r = sint cost 的极坐标图,并标记记
数点。

解 编写程序如下:

```
theta = linspace(0, 2 * pi);
r = sin(2 * theta). * cos(2 * theta);
polar(theta, '--r')
```

运行命令后,得到如图 4-8 所示的图形。

4）二维统计分析图

在 MATLAB 中,除了二维曲线图外,还有很多二维
统计分析图。常见的有条形图、阶梯图、杆图和填充

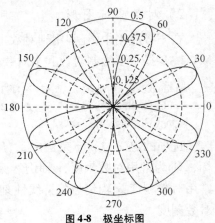

图 4-8 极坐标图

等,其调用格式为:

```
bar(x,y,选项)
stairs(x,y,选项)
stem(x,y,选项)
fill(x1,y1,选项1,x2,y2,选项2,…)
```

【例4-8】 分别以条形图、填充图、阶梯图和杆图的形式绘制曲线 $y = 2e^{-0.5x}$。

解 编写程序如下:

```
x = 0:0.35:7;
y = 2 * exp( -0.5 * x);
subplot(2,2,1);bar(x,y,'r');
title('bar(x,y)');
subplot(2,2,2);fill(x,y,'r');
title('fill(x,y)');
subplot(2,2,3);stairs(x,y,'r');
title('stairs(x,y)');
subplot(2,2,4);stem(x,y,'r');
title('stem(x,y)');
```

运行命令后,得到如图4-9所示的图形。

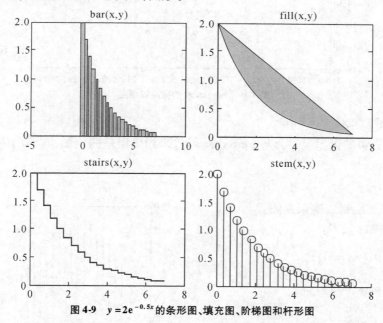

图 4-9 $y = 2e^{-0.5x}$ 的条形图、填充图、阶梯图和杆形图

5) 特殊二维图形的绘制

此外,MATLAB 还提供了一些特殊的二维图形,用户可以使用 MATLAB 来绘制散点图、误差图、面积图、阶梯图、火柴杆图、复数图等特殊图形。

(1) 散点图

在 MATLAB 中,绘制二维散点图的函数为 scatter( ),其调用格式为:

```
scatter(x,y)
scatter(x,y,s,c)
scatter(x,y,s)
```

【例 4-9】 绘制二维散点图。

解 编写程序如下：

```
load seamount                                    % 装载数据文件
scatter(x,y,5,z)                                 %根据指定设置绘制散点图
```

得到如图 4-10 所示的图形。

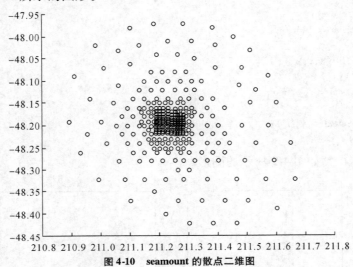

图 4-10　seamount 的散点二维图

（2）误差图

如果已知资料的误差量，可以用 errorbar 函数来画出误差曲线图，其调用格式为：

```
errorbar(y,e)
errorbar(x,y,e)
```

【例 4-10】 绘制二维误差图。

解 编写程序如下：

```
x = linspace(0,2 * pi,30);
y = sin(x);
e = std(y) * ones(size(x));
errorbar(x,y,e)
```

得到如图 4-11 所示的图形。

（3）面积图

用于绘制面积图的函数为 area()，其输入的参数为向量或矩阵。该函数根据向量或矩阵的列向量中的数据连接成一条或多条曲线，并填充每条曲线下的面积。该函数的调用格式为：

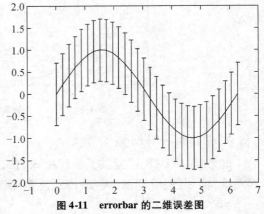

图 4-11　errorbar 的二维误差图

```
area( y)
area( x,y)
```

【例 4-11】 根据矩阵绘制面积图。

解 编写程序如下：

```
y = [ 1,3,4;2,5,8;2,9,3;7,5,9];
area( y)
grid on
set( gca,'layer','top')
```

得到如图 4-12 所示的图形。

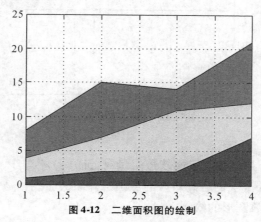

图 4-12 二维面积图的绘制

（4）阶梯图

函数 stairs( )用于绘制二维阶梯，该函数的调用格式为：

```
stairs( y)
stairs( x,y)
```

【例 4-12】 创建函数的阶梯图。

解 编写程序如下：

```
x = linspace( 0,10,50);
y = sin( x). * exp( - x/3);
stairs( x,y)
```

得到如图 4-13 所示的图形。

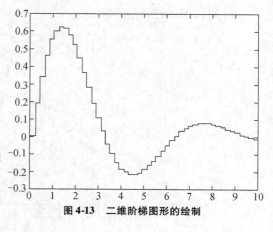

图 4-13 二维阶梯图形的绘制

（5）火柴杆图

函数 stem( )用于绘制二维离散数据的火柴杆图,该类图用线条显示数据点与 x 轴的距离,用小圆圈或指定的标记符号与线条相连,在 y 轴上标记数据点的值。

其调用格式为：

```
stem( y)
stem( x,y)
```

【例 4-13】 创建火柴杆图。

解 编写程序如下：

```
t = linspace( −2 ∗ pi,2 ∗ pi,10);
stem(t,cos(t),'fill','−−');
```

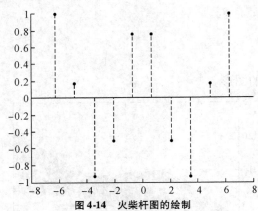

图 4-14 火柴杆图的绘制

（6）复数图

函数 plot(z) 中,当 z 是复数数组或复数向量时,plot(z) 相当于 plot(real(z),imag(z)),实际上是在直角坐标系下将 z 的各列对应的点画出并顺次连线。

【例 4-14】 二维复数图形的绘制。

解 输入程序如下：

```
x = rand(1,5);
y = rand(1,5);
z = x + y ∗ i;
plot(z)
```

得到如图 4-15 所示的图形。

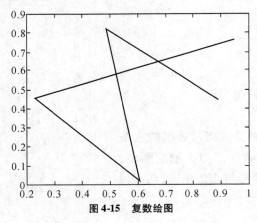

图 4-15 复数绘图

4.2　三维图形的绘制

将数据显示为三维图形对于日常的工程计算是十分有用的,三维图形具有更强的数据表现能力,使数据更加直观。绘制三维图形与绘制二维图形的方法十分相似,很多都是在二维绘图的基础上扩展而来,其中的属性设置也几乎完全相同。绘制基本三维图形的函数包括 plot3()、mesh() 和 surf() 等。

4.2.1　三维曲线图的基本函数

最基本的三维图形函数为 plot3(),它是将二维绘图函数 plot() 的有关功能扩展到三维空间,用来绘制三维曲线。plot3() 函数和 plot() 函数用法十分相似,其调用格式为:

plot3(x1,y1,z1,选项 1, x2,y2,z2,选项 2⋯, xn,yn,zn,选项 n)

【例 4-15】　绘制空间曲线图。

解　编写程序如下:

```
t = 0:pi/50:10 * pi;
x = sin(t);y = cos(t);z = t;
plot3(x,y,z)
grid on
axis square
```

【例 4-16】　绘制空间曲线图。

解　编写程序如下:

```
t = linspace(0,20 * pi, 501);
plot3(t. * sin(t), t. * cos(t), t);
```

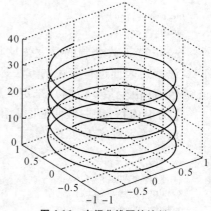

图 4-16　空间曲线图的绘制

还可以同时画出两条三维空间中的曲线。

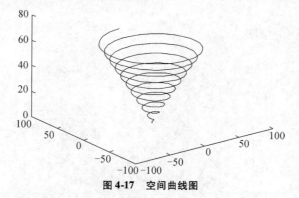

图 4-17　空间曲线图

【例 4-17】　绘制空间曲线图。

解　编写程序如下:

```
t = linspace(0, 10 * pi, 501);
plot3(t. * sin(t), t. * cos(t), t, t. * sin(t), t. * cos(t), -t);
```

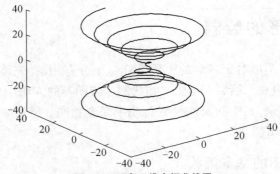

图 4-18　两条三维空间曲线图

4.2.2　三维曲面图的基本函数

绘制三维曲线的函数为 surf( )和 mesh( ),其调用格式为:

mesh(x,y,z,c)
surf(x,y,z,c)

mesh( )函数绘制的是立体网格图,而 surf( )函数绘制的是着色的三维表面图。MAT-LAB 语言对表面进行着色的方法是:在得到相应网格后,对每一网格依据该网格所代表的节点的色值(由变量 c 控制),来定义这一网格的颜色。若不输入 c,则默认 $c = z$。

【例 4-18】　用三维曲面图画出函数 $z = \sin y \cos x$。

解　输入程序 1 如下:

```
x = 0:0.1:2 * pi;
[x,y] = meshgrid(x);
z = sin(y). * cos(x);
mesh(x,y,z);
xlabel('x');ylabel('y');zlabel('z');
title('mesh');
```

得到如图 4-19 所示的图形。

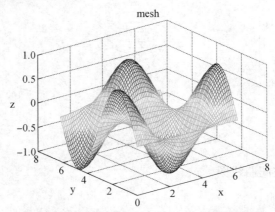

图 4-19　用 mesh( )绘制的 $z = \sin y \cos x$ 的三维网格图

输入程序 2 如下：

```
x = 0:0.1:2 * pi;
[x,y] = meshgrid(x);
z = sin(y). * cos(x);
surf(x,y,z);
xlabel('x');ylabel('y');zlabel('z');
title('surf');
```

得到如图 4-20 的图形。

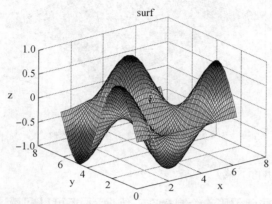

图 4-20　用 **surf**( ) 绘制的 $z = sinycosx$ 的三维曲面图

输入程序 3 如下：

```
x = 0:0.1:2 * pi;
[x,y] = meshgrid(x);
z = sin(y). * cos(x);
plot3(x,y,z);
xlabel('x');ylabel('y');zlabel('z');
title('plot3');
```

得到如图 4-21 的图形。

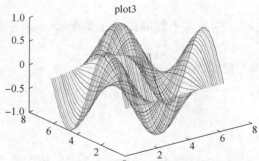

图 4-21　用 **plot3**( ) 绘制的 $z = sinycosx$ 的三维曲面图

为了方便测试立体绘图，MATLAB 提供了一个 peaks 函数，可产生一个凹凸有致的曲面，包含了三个局部极大点及三个局部极小点。

要画出此函数的最快方法是：

在命令窗口直接输入 peaks。

将会得到如图 4-22 所示的图形。

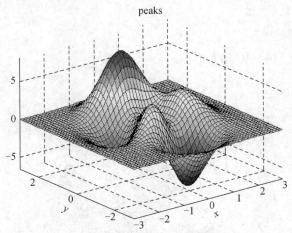

图 4-22　用 **peaks** 函数产生的曲面图形

4.2.3　标准三维曲面函数

MATLAB 提供了一些函数用于绘制标准三维曲面,还可以利用这些函数产生相应的绘图数据,常用于三维图形的演示。其中,sphere 函数和 cylinder 函数分别用于绘制三维球面图和柱面图。

sphere 函数的调用格式为:

$$[x,y,z] = sphere(n)$$

该函数将产生 $(n+1) \times (n+1)$ 矩阵 x、y、z,采用这 3 个矩阵可以绘制出位于原点、半径为 1 的单位球体,n 的默认值为 20。

cylinder 函数的调用格式为:

$$[x,y,z] = cylinder(R,n)$$

其中,R 是一个向量,存放柱面各个间隔高度上的半径,n 表示圆柱圆周上有 n 个间隔点,默认有 20 个间隔点。

【例 4-19】　绘制标准三维曲面图。

解　编写程序如下:

```
[x,y,z] = sphere;
subplot(1,2,1);
surf(x,y,z)
axis equal
[x,y,z] = cylinder;
subplot(1,2,2);
surf(x,y,z)
axis equal
```

得到如图 4-23 所示的图形。

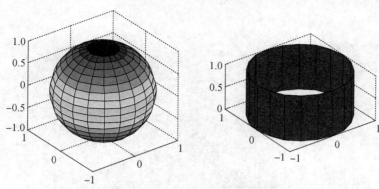

图 4-23 标准三维曲面图形的绘制

4.2.4 绘制三维曲面图的函数

1）meshz( )函数

该函数在 mesh( )函数的作用之上增加了屏蔽作用，即增加了边界面屏蔽（即将曲面加上围裙）。

【例 4-20】 用 meshz( )绘制三维曲面图。

解 输入程序如下：

```
[x,y,z] = peaks;
meshz(x,y,z);
axis([- inf inf - inf inf - inf inf]);
```

得到如图 4-24 所示的图形。

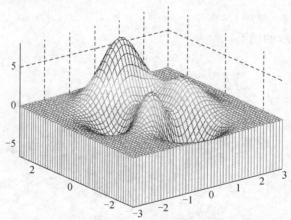

图 4-24 用 meshz( )绘制三维曲面图

2）meshc( )函数

该函数在 mesh( )函数的基础上增加了绘制相应等高线的功能。

【例 4-21】 用 meshc( )绘制三维曲面图。

解 输入程序如下：

```
[x,y,z] = peaks;
meshc(x,y,z);
axis([ – inf inf – inf inf – inf inf]);
```

得到如图 4-25 所示的图形。

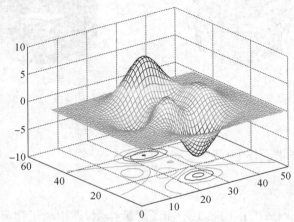

图 4-25　用 meshc( )绘制三维曲面图

3) surfc( )函数

surfc( )函数可以同时画出曲面图和等高线图。

【例 4-22】　用 surfc( )绘制三维曲面图。

解　编写程序如下:

```
[x,y,z] = peaks;
surfc(x,y,z);
axis([ – inf inf – inf inf – inf inf]);
```

得到如图 4-26 所示的图形。

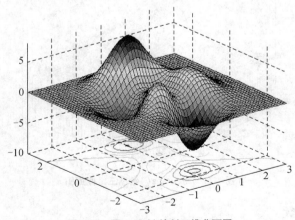

图 4-26　用 surfc( )绘制三维曲面图

4) contour3 ( )函数

contour3( )函数可以画出曲面在三维空间中的等高线图形。

【例 4-23】 用 contour3（ ）绘制三维曲面图。

解 编写程序如下：

```
[X,Y] = meshgrid([ -2:.25:2]);
Z = X. * exp( -X.^2 - Y.^2);
contour3(X,Y,Z,30)
surf(X,Y,Z)
grid off
```

得到如图 4-27 所示的图形。

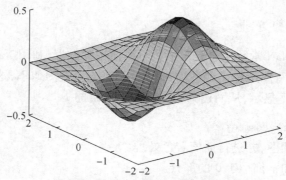

图 4-27 用 contour3( )绘制三维曲面图

4.3 三维网图的高级处理

与二维图形一样,MATLAB 也提供了对三维图形进行精细处理的方法,用户可以对 MATLAB 绘制的三维图形进行消隐处理、裁剪、转换视点、修正色彩、光照效果等。

4.3.1 图形的消隐处理

比较网图消隐前后的图形。

【例 4-24】 多峰图形的消隐处理。

解 编写程序如下：

```
z = peaks(50);
subplot(2,1,1);
mesh(z);
title('消隐前的网图')
hidden off
subplot(2,1,2)
mesh(z);
title('消隐后的网图')
hidden on
colormap([0 0 1])
```

得到如图 4-28 所示的图形。

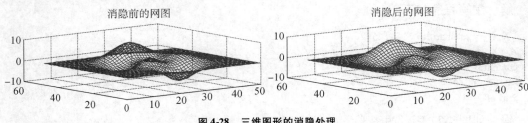

消隐前的网图　　　　　　　　　消隐后的网图

图 4-28　三维图形的消隐处理

4.3.2　图形的裁剪处理

MATLAB 定义的 NaN 常数用于表示那些不可使用的数据,利用 NaN 的特点可以对网图进行裁剪处理,方法是将图形中需要裁剪部分的函数值设置为 NaN,这样在绘制图形时,函数值为 NaN 的部分将不显示,从而达到对图形裁剪的目的。

【例 4-25】　已知 $z = \cos x \cos y\, e^{-\frac{\sqrt{x^2+y^2}}{4}}$

(1) 绘制三维曲面图,并进行插值着色处理。

(2) 裁掉图中 x 和 y 都小于 0 的部分。

解　编写程序如下:

```
[x,y] = meshgrid( -5:0.1:5);
z = cos(x). * cos(y). * exp( - sqrt(x.^2 + y.^2)/4);
surf(x,y,z);
shading interp;
figure(2)
i = find(x < =0&y < =0);
z1 = z;z1(i) = NaN;
surf(x,y,z1);
shading interp
```

运行程序后,得到如图 4-29 和 4-30 所示的未裁剪与裁剪的曲面图形。

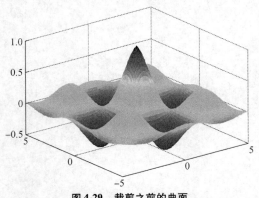

图 4-29　裁剪之前的曲面

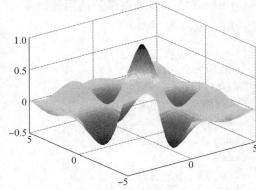

图 4-30　裁剪之后的曲面

4.3.3 图形的视点处理

为了使图形的效果逼真,有时需要从不同的角度观看图形。MATLAB 提供了设置视点的函数 view( ),其调用格式为:

view(az,el)

其中,az 为方位角,el 为仰角,它们均以度为单位。系统缺省的视点定义为方位角 -37.5°,仰角为30°。

【例 4-26】 绘制不同视点的多峰函数曲面。

解 编写程序如下:

```
subplot(2,2,1);mesh(peaks);
view(-37.5,30);
title('az=-37.5,el=30');
subplot(2,2,2);mesh(peaks);
view(0,90);
title('az=0,el=90');
subplot(2,2,3);mesh(peaks);
view(90,0);
title('az=90,el=0');
subplot(2,2,4);mesh(peaks);
view(-7,-10);
title('az=-7,el=-10');
```

得到如图 4-31 所示的图形。

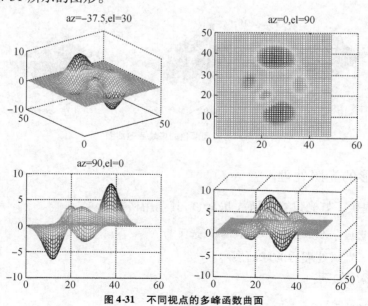

图 4-31 不同视点的多峰函数曲面

4.3.4 图形的色彩处理

影响图形的一个重要因素就是图形的颜色,丰富的颜色变化能让图形更具有表现力。

用户除了可以使用字符表示颜色以外,还可以用向量对色彩给予精确的数字衡量。

(1) 颜色的向量表示:MATLAB 除用字符表示颜色外,还可以用含有 3 个元素的向量表示颜色。

(2) 色图:色图是 $m \times 3$ 的数值矩阵,它的每一行是 RGB 三元组。色图矩阵可以人为生成,也可以调用 MATLAB 提供的函数来定义色图矩阵。

除 plot( ) 及其派生函数外,mesh( )、surf( )等函数均使用色图着色。图形窗口色图的设置和改变使用 colormap( )函数,其调用格式为:

colormap( )

其中 m 代表色图矩阵。

(3) 三维表面图形的着色:三维表面图实际上就是在网格图的每一个网格上涂上颜色。surf( )函数用缺省的着色方式对网格片着色。除此之外,还可以用 shading 命令改变着色方式。

【例 4-27】 3 种图形着色方式的效果图展示。

解 编写程序如下:

```
z = peaks(30);colormap(copper);
subplot(1,3,1);surf(z);
subplot(1,3,2);surf(z);shading flat;
subplot(1,3,3);surf(z);shading interp;
```

得到如图 4-32 所示的图形。

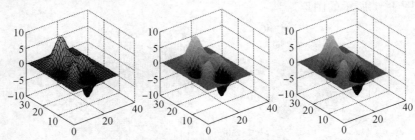

图 4-32 不同颜色的多峰函数曲面

4.3.5 图形的光照处理

MATLAB 提供了灯光设置的函数 light( ),其调用格式为:

light('Color',选项 1,'Style',选项 2,'Position',选项 3)

【例 4-28】 光照处理后的球面展示。

解 编写程序如下:

```
[x,y,z] = sphere(20);
subplot(1,2,1);
surf(x,y,z);axis equal;
light('Posi',[0,1,1]);
shading interp;
```

```
hold on;
plot3(0,1,1,'p');text(0,1,1,'light');
subplot(1,2,2);
surf(x,y,z);axis equal;
light('Posi',[1,0,1]);
shading interp;
hold on;
plot3(1,0,1,'p');text(1,0,1,'light');
```

得到如图 4-33 所示的图形。

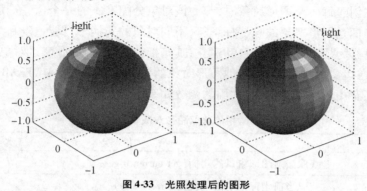

图 4-33　光照处理后的图形

4.4　图形句柄

　　前面介绍了许多 MATLAB 高层绘图函数,这些函数都是将不同的曲线或曲面绘制在图形窗口中,而图形窗口也就是由不同图形对象(如坐标轴、曲线、曲面或文本等)组成的图形界面。MATLAB 给每个图形对象分配一个标识符,称为句柄,以后可以通过该句柄对图形对象的属性进行设置,也可以获取有关属性,从而能够更加自主地绘制各种图形。

　　直接对图形句柄进行操作的绘图方法称为低层绘图操作。相对于高层绘图,低层绘图操作控制和表现图形的能力更强,实际上,MATLAB 的高层绘图函数都是利用低层绘图函数建立起来的,相当于系统为用户做了许多细节性的工作,用起来更方便。但有时单靠高层绘图不能满足要求,如绘制特殊图形、建立图形用户界面等,这时就需要图形句柄操作。

4.4.1　图形对象

　　在 MATLAB 中,每一个具体的图形是由若干个不同的图形对象组成的。所有的图形对象都按父对象和子对象的方式组成层次结构。

　　在图形对象的层次结构中,计算机屏幕是产生其他对象的基础,称为根对象(Root)。MATLAB 图形系统只有一个根对象,其他对象都是它的子对象。当 MATLAB 启动时,系统自动创建根对象。

　　图形窗口(Figure)是显示图形和用户界面的窗口。用户可建立多个图形窗口,所有图形窗口对象的父对象都是根对象,而其他图形对象都是图形窗口的子对象。图形窗口对象有 3

种子对象:坐标轴(Axis)、用户界面对象(User Interface,UI)和标注对象(Annotation)。用户界面对象用于构建图形用户界面,标注对象用于给图形添加标注,从而增强图形的表现能力。坐标轴有 3 种子对象:核心对象(Core Objects)、绘图对象(Plot Objects)和组对象(Group Objects)。对坐标轴及其 3 种子对象的操作即构成低层绘图操作,也就是对图形句柄的操作。

4.4.2 图形对象句柄

MATLAB 在创建每一个图形对象时,都为该对象分配唯一的一个值,称其为图形对象句柄(Handle)。句柄是图形对象的唯一标识符,不同对象的句柄不可能重复和混淆。

计算机屏幕作为根对象由系统自动建立,其句柄值为 0,而图形窗口对象的句柄值为一正整数,并显示在该窗口的标题栏,其他图形对象的句柄为浮点数。MATLAB 提供了若干个函数用于获取已有图形对象的句柄,常用的函数如表 4-1 所示。

表 4-4   常用的获取图形对象句柄的函数

函数	功　能
gcf	获取当前图形窗口的句柄(get current figure)
gca	获取当前坐标轴的句柄(get current axis)
gco	获取最近被选中的图形对象的句柄(get current object)
findobj	按照指定的属性来获取图形对象的句柄

【例 4-29】   绘制曲线并查看有关对象的句柄。

解   编写程序如下:

```
x = linspace(0,2 * pi,30);
y = sin(x);
h0 = plot(x,y,'rx')
h0 =
    152.0022
h1 = gcf
h1 =
    1
h2 = gca
h2 =
    151.0012
h3 = findobj(gca,'Marker','x')
h3 =
    152.0022
```

图形对象的句柄由系统自动分配,每次分配的值不一定相同。在获取对象的句柄后,可以通过句柄来设置或获取对象的属性。

4.4.3 图形对象属性

每种图形对象都具有各种各样的属性,MATLAB 正是通过对属性的操作来控制和改变图形对象的。

1）属性名与属性值

为方便属性的操作,MATLAB 给每种对象的每一个属性规定了一个名字,称为属性,而属性名的取值称为属性值。例如,LineStyle 是曲线对象的一个属性名,它的值决定着线型,取值可以是 –、:、–. 等。在属性名的写法中,不区分字母的大小写,而且在不引起歧义的前提下,属性名不必写全。另外,属性名要用单引号括起来。

2）属性的操作

当创建一个对象时,必须给对象的各种属性赋予必要的属性值;否则,系统自动使用默认属性值。用户可通过 set 函数重新设置对象属性值,同时也可以通过 get 函数获取这些属性值。

set 函数的调用格式为:

set(句柄,′属性名 1′,′属性值 1′,′属性名 2′,′属性值 2′,…)

其中,句柄用于指明要操作的图形对象。如果在调用 set 函数时省略全部属性名和属性值,则将显示出句柄所有的允许属性值。

绘制二维曲线时,通过选择不同的选项可以设置曲线的颜色、线型为数据点的标记符号,下面用图形句柄操作来实现。

【例 4-30】　利用句柄函数绘制正弦曲线。

解　编写程序如下:

```
x = 0:0.01:2 * pi;
h = plot(x,sin(x));
set(h,′color′,′r′,′linestyle′,′:′,′marker′,′p′)
```

先用默认属性绘制正弦曲线并保存曲线句柄,然后通过改变曲线的属性来设置曲线的颜色、线型和数据点的标记符号。

除此之外,还有很多其他属性,通过改变这些属性,可以对曲线作进一步的控制。

get 函数的调用格式为:

V = get(句柄,属性名)

其中,V 是返回的属性值。如果在调用 get 函数时省略属性名,则将返回句柄所有的属性值。

【例 4-31】　利用 get 函数来获得例 4-31 中曲线的属性值。

解　编写程序如下:

```
x = 0:0.01:2 * pi;
h = plot(x,sin(x));
set(h,′color′,′r′,′linestyle′,′:′,′marker′,′p′)
col = get(h,′color′)
```

将得到曲线的颜色属性值为[1 0 0],即红色。

另外,用 get 函数还可获取屏幕的分辨率:

V = get(0,'screensize')
V =
   1   1   1366   768

get 函数返回一个 1×4 的向量 V,其中前两个分量分别是屏幕的左下角横纵坐标(1, 1),后两个分量分别是屏幕的宽度和高度。

3) 对象的公共属性

图形对象具有各种各样的属性,有些属性是所有对象共同具备的,有些则是各对象所特有的。图形对象常用的公共属性有:Children 属性、Parent 属性、Tag 属性、Type 属性、UserData 属性、Visible 属性、ButtonDownFcn 属性、CreateFcn 属性、DeleteFcn 属性。

4.5 图像与动画

4.5.1 图像

MATLAB 具有强大的图形处理能力,它用图形图像工具箱处理数字图片。

1) imread 和 imwrite 函数

imread 函数用于将图像文件读入 MATLAB 空间,imwrite 函数用于将图像数据和色图数据一起写入图像文件。函数的调用格式为:

A = imread(fname)
imwrite(A,fname,fmt)

其中,fname 为读/写的图像文件名,fmt 为图像文件格式,如 bmp、jpg、gif、tif、png 等。若读写的是灰度图像,则 A 为二维矩阵;若读写的是彩色图像,则 A 为三维矩阵,第三维存储颜色数据。

2) image 和 imagesc 函数

这两个函数用于图像显示,为了保证图像的显示效果,一般还应使用 colormap 函数设置图像色图。

【例 4-32】 有一图像文件 scenery.jpg,在图形窗口显示该图像。

解 编写程序如下:

[x,cmap] = imread('E:\scenery.jpg');
image(x);colormap(cmap);
axis image off

执行结果如图 4-34 所示。

图 4-34 图像显示

4.5.2 动画

MATLAB 具有动画制作能力,它可以存储一系列各种类型的二维或三维图,然后像放电影一样,把它们按次序播放出来,称为逐帧动画。用户可以根据实际情况使用 movie( )函数来实现动画播放,并实现对播放速度的控制。

1) 制作逐帧动画

MATLAB 提供了 getframe、moviein 和 movie 函数进行逐帧动画制作。函数的功能分别是:

(1) getframe 函数可截取一幅画面信息(称为动画中的一帧),一幅画面信息形成一个很大的列向量。显然,保存 n 幅画面就需要一个大矩阵。

(2) moviein(n)函数用来建立一个足够大的 n 列矩阵。该矩阵用来保存 n 幅画面的数据以备播放。所以要事先建立一个大矩阵,是为了提高程序运行速度。

(3) movie(m,n)函数播放由矩阵 m 所定义的画面 n 次,默认时播放一次。

【例 4-33】 播放一个直径不断变化的球体。

解 编写程序如下:

```
[x,y,z] = sphere(50);
m = moviein(30);                          %建立一个30列大矩阵
for i = 1:30;
   surf(i * x,i * y,i * z)                 %绘制球面
   m(:,i) = getframe                       %将球面保存到 m 矩阵
end
movie(m,10)                                %以每秒10幅的速度播放球面
```

【例 4-34】 绘制 peaks 函数曲面并且将它绕 z 轴旋转。

解 编写程序如下:

```
[x,y,z] = peaks(30);
surf(x,y,z)
axis([ -3,3, -3,3, -10,10])
axis off
shading interp
colormap(hot);
m = moviein(20);                          %建立一个20列大矩阵
for i = 1:20;
   view( -37.5 + 24 * (i - 1),30)         %改变视点
   m(:,i) = getframe;                     %将图形保存到 m 矩阵
end
movie(m,2)                                %播放画面两次
```

动画中的一个画面如图 4-35 所示。

图 4-35 动画播放画面

2）创建轨迹动画

MATLAB 提供了 comet 和 comet3 函数展现质点在二维平面和三维空间的运动轨迹,这种轨迹曲线称为彗星轨迹曲线。函数调用格式为:

comet(x,y,p)
comet3(x,y,z,p)

其中,每一组 x、y、z 组成一组曲线的坐标参数,用法与 plot 和 plot3 函数相同。P 是用于设置彗星长度的参数,默认值是 0.1。在二维图形中,彗星长度为 y 向量长度的 p 倍。在三维图形中,彗星长度为 z 向量长度的 p 倍。

【例 4-35】 生成一个三维运动图形轨迹。

解 编写程序如下:

```
x = 0:pi/250:10 * pi;
y = sin(x);
z = cos(x);
comet3(x,y,z)
```

执行程序,动画中的一个画面如图 4-36 所示。图中的小圆圈代表彗星的头部,它跟踪屏幕上的数据点,彗星轨迹为小圆圈后面的曲线,曲线的变化过程动态地展示了质点的运动轨迹。

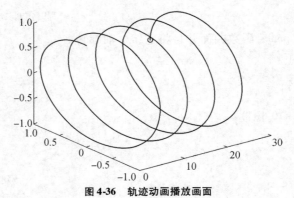

图 4-36　轨迹动画播放画面

思考与练习

1. 绘制曲线 $y = 5x^3 + 8x + 1$,x 的取值范围为 $[-10,10]$。

2. 有一组测量数据满足 $y = e^{-9t}$,t 的变化范围为 $-10 \sim 10$,画出此种情况下的曲线。

3. 将 2 题中的结果图标注上图例及坐标标注等。

4. 绘制曲线 $y = x^3 + x + 1$,x 的取值范围为 $[-5,5]$。

5. 有一组测量数据满足 $y = e^{-at}$,t 的变化范围为 $0 \sim 10$,用不同的线型和标记点画出 $a = 0.1$、$a = 0.2$ 和 $a = 0.5$ 三种情况下的曲线,并添加标题 $y = e^{-at}$,用箭头线标识出各曲线 a 的取值,添加标题 $y = e^{-at}$ 和图例框。

6. $z = x\mathrm{e}^{-x^2-y^2}$,当 x 和 y 的取值范围均为 -2 到 2 时,用建立子窗口的方法在同一个图形窗口中绘制出三维线图、网线图、表面图和带渲染效果的表面图。

7. 绘制 peaks 函数的表面图,用 colormap 函数改变预置的色图,观察色彩的分布情况。

8. 用 sphere 函数产生球表面坐标,绘制不透明网线图、透明网线图、表面图和带剪孔的表面图。

9. 已知三维图形视角的缺省值是方位角为 $-37.5°$,仰角为 $30°$,将观察点顺时针旋转 $20°$ 角的命令是什么?

10. 画一双峰曲面(peaks)图,加灯光 light,改变光源的位置,观察图形的变化。

11. 用 subplot 语句在一个图形窗口上开多个大小不等的子窗口进行绘图并添加注释,如图 4-37 所示,图形具体内容及各图所占位置可自选。

12. 做一个花瓶,如图 4-38 所示。(提示:做一个旋转体表面,调入一幅图像对该表面进行彩绘,即用图像的色图索引作为表面体的色图索引)

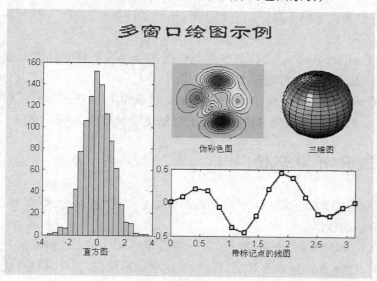

图 4-37

图 4-38

5

MATLAB 的 GUI 程序设计

计算机用户界面是指计算机与其作用者之间的对话接口,是计算机系统的重要组成部分。计算机的发展不仅是计算机本身处理速度和存储容量的飞速提高,而且是计算机用户界面不断改进的过程。

用户界面的重要性在于它极大地影响了最终用户的使用,影响了计算机的推广应用,甚至影响了人们的工作和生活。

图形用户界面(Graphical User Intervaces,GUI)的广泛流行是当今计算机技术的重大成就之一,它以其友好性、直观性、易懂性在软件编程上广泛使用。

本章将详细说明图形句柄 uicontrol、uimeinu 和 uicontextmenu 对象的使用,把图形界面加入到 MATLAB 的函数和 M 文件中,并结合实例来说明如何更好地使用 MATLAB GUI 编程。

5.1 GUI 基本知识及开发环境

用户界面是指人与机器(或程序)之间交互作用的工具和方法。如键盘、鼠标、跟踪球、话筒都可成为与计算机交换信息的接口。

图形用户界面(GUI)则是由窗口、光标、按键、菜单、文字说明等对象(Objects)构成的一个用户界面。用户通过一定的方法(如鼠标或键盘)选择、激活这些图形对象,使计算机产生某种动作或变化,比如实现计算、绘图等。

MATLAB 为表现其基本功能而设计的演示程序 demo 是使用图形界面的最好范例。MATLAB 的用户,在指令窗中运行 demo,打开图形界面后,只要用鼠标进行选择和点击,就可浏览丰富多彩的内容。

MATLAB 提供了两种创建图形用户接口的方法:通过 GUI 向导(GUIDE)创建的方法和编程创建 GUI 的方法。用户可以根据需要,选择适当的方法创建图形用户接口。通常可以参考下面的建议:

(1)如果创建对话框,可以选择编程创建 GUI 的方法。MATLAB 中提供了一系列标准对话框,可以通过一个函数简单创建对话框。

(2)只包含少量控件的 GUI,可以采用程序方法创建,每个控件可以由一个函数调用实现。

(3)复杂的 GUI 通过向导创建比通过程序创建更简单一些,但是对于大型的 GUI,或者由不同的 GUI 之间相互调用的大型程序,用程序创建更容易一些。

5.1.1　启动 GUI 开发环境

通过 GUI 向导,即 GUIDE(Graphical User Interface Development Environment),创建一个简单的 GUI,来实现三维图形的绘制。界面中包含一个绘图区域;一个面板,其中包含三个绘图按钮,分别实现表面图、网格图和等值线的绘制;一个弹出菜单,用以选择数据类型,并且用静态文本进行说明。

GUIDE 包含了大量创建 GUI 的工具,这些工具简化了创建 GUI 的过程。通过向导创建 GUI 直观、简单,便于用户快速开发 GUI。

1) 启动 GUI 操作界面

GUIDE 可以通过 4 种方法启动:

(1) 可以在 MATLAB 主窗口命令行键入 GUIDE 命令来启动 GUIDE;

(2) 在 MATLAB 主窗口左下角的“开始”菜单选择“MATLAB|GUIDE(GUI Builder)”;

(3) 在 MATLAB 主窗口的 File 菜单中选择“New|GUI”;

(4) 点击 MATLAB 主窗口工具栏中的 GUIDE 图标。

启动 GUIDE 后,系统打开 GUI 快速启动向导界面,界面上有“打开已有 TGUI(Open Existing GUI)”和“新建 GUI(Create New GUI)”两个标签,用户可以根据需要进行选择。

2) 选择新建 GUI 标签

打开新建 GUI 对话框,如图 5-1 所示。

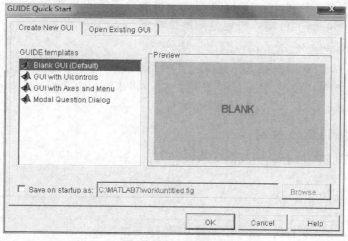

图 5-1　GUI 向导界面

在新建 GUI 的对话框中,GUIDE 在左侧提供了 4 个功能模板:

(1) Blank GUI(Default):空白的 GUI,用户界面上不含任何控件,默认为空 GUI。

(2) GUI with Uicontrols:是带用户控件(Uicontrols)的用户界面。该界面包括 Push Button、Slider、Toggle Button、List Boxes 和 Static Texts 等组件。

(3) GUI with Axes and Menu:带坐标轴和菜单的用户界面。

（4）Modal Question Dialog：带询问对话框的用户界面。

　　用户可以保存该 GUI 模板，选中左下角的复选框，并键入保存位置及名称，例如：输入 "useful_gui"。如果不保存，则在第一次运行该 GUI 时系统提示保存。设置完成后，单击 OK 按钮进入 GUI 的 Layout 编辑。此时系统会打开界面编辑窗口和程序编辑窗口，如果不保存该 GUI，则只有界面编辑窗口。

5.1.2　GUI 的控件类型及属性控制

1）GUI 可选的控件

GUI 可选的控件有以下几种：

（1）按钮（Push Button）：执行某种预定的功能或操作，当按钮按下时则产生操作，如按下 OK 按钮时进行相应操作并关闭对话框。

（2）开关按钮（Toggle Button）：该按钮包含两个状态，第一次按下按钮时状态为"开"，再次按下时将其状态改变为"关"。状态为"开"时进行相应的操作。

（3）单选框（Radio Button）：单个的单选框用来在两种状态之间切换，多个单选框组成一个单选框组时，用户只能在一组状态中选择单一的状态，或称为单选项。

（4）复选框（Check Boxes）：单个的复选框用来在两种状态之间切换，多个复选框组成一个复选框组时，可使用户在一组状态中作组合式的选择，或称为多选项。

（5）文本编辑器（Editable Texts）：用来使用键盘输入字符串的值，可以对编辑框中的内容进行编辑、删除和替换等操作。

（6）静态文本框（Static Texts）：仅仅用于显示单行的说明文字。

（7）滚动条（Slider）：可输入指定范围的数量值。

（8）边框（Frames）：在图形窗口圈出一块区域。

（9）列表框（List Boxes）：在其中定义一系列可供选择的字符串。

（10）弹出式菜单（Popup Menus）：让用户从一列菜单项中选择一项作为参数输入。

（11）坐标轴（Axes）：用于显示图形和图像。

2）GUI 控件的属性控制

对于 GUI 的所有控件有一些相同的属性和方法，如表 5-1 所示。

表 5-1　共有属性和方法

属性和方法	作　用
ButtonDownFcn	当对象被鼠标选择时，执行 MATLAB 回调程序
Children	对象的所有子对象句柄的向量
Clipping	数据限幅模式有以下两种： on（缺省值）：只显示在坐标轴界限内的部分图形对象； off：没有这个限制，也显示坐标轴外的部分
CreateFcn	决定用什么样的 M 文件或者 MATLAB 命令来创建对象
DeleteFcn	决定删除对象时运行的 M 文件或者 MATLAB 文件

续表

属性和方法	作　用
BusyAction	MATLAB 处理对象的回调函数中断方式
HandleVisibility	对象的子对象列表中的对象句柄是否可访问
HitTest	对象是否被鼠标选中,也就是这个对象是否为当前对象
Interruptible	指定对象回调字符串是否可中断
Selected	对象是否被选中,值可以为 on(缺省值)和 off
SelectionHighlight	在屏幕上选中的对象是否有四个边句柄和四个名句柄。值可以为 on 或者 off
Tag	用户用来标识对象的字符串,在建立图形接口时这很有用
Type	只读对象类型的字符串
UserData	是一个矩阵,包含有用户在对象中保存的数据。矩阵不被对象本身使用
UIContextMenu	与对象相联的快捷菜单句柄,当在对象下按下鼠标右键时,MATLAB 显示快捷菜单
Visible	控制对象在屏幕是否可见,值可以为 on 或者 off

（1）属性查看器

用户可以使用如下三种方式打开属性查看器来观察和修改属性：

① 在布局窗口中双击某个控件。

② 在"View"菜单中选择"Property Inspector"选项。

③ 右击某个控件并从弹出的快捷菜单中选择"Inspector Properties"项。

每个控件都有自己的属性,常规属性有：

① 控件风格和外观的属性：

包括 BackgroundColor、CData、ForegroundColor、String、Visible。

② 对象的常规信息属性：

包括 Enable、Style、Tag、TooltipString、UserData、Position、Units、FontAngle、FontName 等。

③ 控件当前状态信息属性：

包括 ListboxTop、Max、Min、Value。

④ 控件回调函数的执行属性：

包括 BusyAction、ButtonDownFcn、CallBack、CreateFcn、DeleteFcn、Interruptible。

（2）设置控制属性

① 设置控件标志

控件标志用于 M 文件中识别控件,通过设置控件的标签,为每个控件指定一个标志。同一个 GUI 中每个控件的标志应该是唯一的。

点击工具栏中 Property Inspector 项,或双击某个控件打开属性编辑器,设置该控件的属性,如设置按钮的标志属性,标签名 Tag 属性为 surf_pushbutton。

② 设置控件显示文本

多数控件具有标签、列表或显示文本,用以和其他控件区分。设置控件的显示文本可以通过设置该控件的属性完成。打开属性编辑器,选择需要编辑的控件或者双击激活属性编辑器,编辑该控件的属性,如图 5-2 所示。

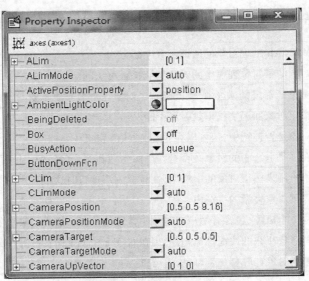

图 5-2　控件属性设置窗口

5.1.3　GUI 开发环境(GUI Development Environment, GUIDE)

　　MATLAB 提供了一套可视化的创建图形窗口的工具,使用用户界面开发环境可方便地创建 GUI 应用程序,它可以根据用户设计的 GUI 布局,自动生成 M 文件的框架,用户使用这一框架编制自己的应用程序。

　　在 MATLAB 的命令窗口中输入 GUIDE,确认后就可以进入到 GUIDE 环境下,或者选择 File→New→GUI 命令打开开发环境。环境窗口如图 5-3 所示。

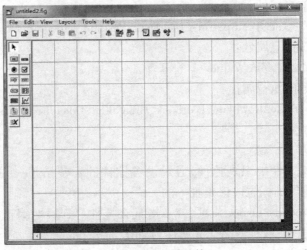

图 5-3　GUI 开发环境

　　GUI 的开发环境和 VC、VB 等程序语言的开发环境非常相似,设计过程如下:把需要的控件从控件调色板拖动到(或者复制到)控件布局编辑区,并使用队列工具把这些控件排列整齐。把控件拖动到编辑区有两种方法：① 用鼠标单击所需要的控件，然后在编辑区再单击即可得到所需要的控件；② 选中需要的控件，然后在编辑区按住鼠标左键不放拖动出的框区就会生成一个大小等于框区的控件。

将各个控件布局后，在建立的控件上右键单击，可以对选中的控件进行如下操作：

① Cut：对选中的控件进行剪切操作。

② Copy：复制选中的控件。

③ Paste：粘贴复制的控件。

④ Delete：删除选中的控件。

⑤ Property Inspector：对选中的控件打开属性查看器。

⑥ Object Browser：打开对象浏览器。

⑦ Callback：单击鼠标时控件回调的函数或功能。

⑧ ButtonDownFcn：按下鼠标时控件回调的函数。

⑨ CreateFcn：定义控件在创建阶段执行的回调函数。

⑩ DeleteFcn：定义在对象的删除阶段执行的回调函数。

另外，在 GUIDE 主窗口工具栏中单击 Alignmet tool 按钮，就会打开控件的位置调整对话框，如图 5-4 所示。

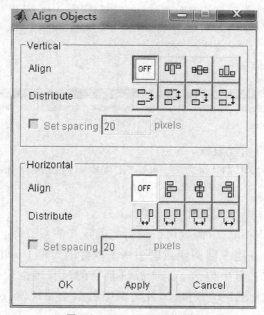

图 5-4 Align Objects 对话框

从图中可以看出，队列工具菜单分为两个部分，分别是在竖直方向和水平方向上调整空间位置和控件间的距离。在选中多个对象后，可以方便地通过对象位置调整器调整对象间的对齐方式与距离。

如果控件都布局好，控件的属性也设置好了，就可以单击工具栏中的 RUN 按键，运行设计的 GUI 了。另外，如果还没有保存好设计的 GUI 就点击关闭，会弹出一个对话框，提示为文件命名、保存，接下来就可以运行了。

【例5-1】 设计 GUI，通过调节滑块可以画出不同频率的三角波形，同时掌握 Push Button 控件、Checkbox、Slider、Axes、Popup Menu、Static Text 等控件的使用方法。

解 程序设计步骤如下：

（1）打开 GUIDE 窗口，在控件布局设计区放置一个 Axes 控件，两个 Push Button 控件、一个 Slider 控件、一个 Popup Menu 控件和一个 Static Tex 控件。

（2）对建立的控件进行调整使其放置在合适的位置，可以通过鼠标，也可以通过修改各个控件中的 Position 属性来完成调整后的控件布局，最终效果如图 5-5 所示。

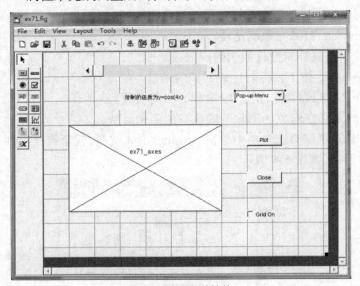

图 5-5 布局好的控件

（3）对各个控件进行属性设置。

（4）设置好各个控件和属性列表后，回到 GUIDE 主窗口保存，同时在 M-file 文件窗口中打开。

（5）打开 M-file 文件窗口，设置回调函数。

（6）保存修改后的 M-file 文件，就可以运行之前定义的 GUI 了。

这里需要注意的是，在定义回调函数里用到了控件的句柄 handle，每个控件都有自己的句柄。句柄是个数据结构，其中包含了这个控件具有的所有属性值。可以通过句柄引用或修改这个控件的某个属性值，set( )可以设置句柄中的某个属性值，get( )可以获得句柄中的某个属性值。

一个 GUI 程序的运行主要是在其 M-file 文件控制下进行的，这个 M-file 文件包含了启动这个 GUI 的命令和程序进行中的各种控制函数命令，其中非常重要的就是回调函数。在 M-file 文件窗口中可以看到各种回调函数是放在文件的最后面的。

【例5-2】 对于传递函数为 $G = \dfrac{1}{s^2 + 2\zeta s + 1}$ 的归一化二阶系统，制作一个能绘制该系统单位阶跃响应的图形用户界面。

解　程序设计步骤如下：

（1）编写产生图形窗和轴位框的程序如下：

```
clf reset
H = axes('unit','normalized','position',[0,0,1,1],'visible','off');
set(gcf,'currentaxes',H);
str = '\fontname{隶书}归一化二阶系统的阶跃响应曲线';
text(0.12,0.93,str,'fontsize',13);
h_fig = get(H,'parent');
set(h_fig,'unit','normalized','position',[0.1,0.2,0.7,0.4]);
h_axes = axes('parent',h_fig,…
'unit','normalized','position',[0.1,0.15,0.55,0.7],…
'xlim',[0 15],'ylim',[0 1.8],'fontsize',8);
```

运行程序后产生的如图 5-6 的图形窗口。

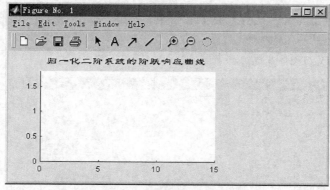

图 5-6　坐标轴的图形窗口

（2）编写在坐标框右侧生成"静态文本"和"编辑框"的程序如下：

```
h_text = uicontrol(h_fig,'style','text',…
'unit','normalized','position',[0.67,0.73,0.25,0.14],…
'horizontal','left','string',{'输入阻尼比系数','zeta ='});
h_edit = uicontrol(h_fig,'style','edit',…
'unit','normalized','position',[0.67,0.59,0.25,0.14],…
'horizontal','left',…
'callback',[…
'z = str2num(get(gcbo,'string'));',…
't = 0:0.1:15;',…
'for k = 1:length(z);',…
's2 = tf(1,[1 2*z(k) 1]);',…
'y(:,k) = step(s2,t);',…
'plot(t,y(:,k));',…
'if (length(z)>1),hold on,end,',… 'end;',… 'hold off,']);
```

运行程序后生成如图 5-7 所示的图形窗口。

（3）编写控制按键程序如下：

```
h_push1 = uicontrol(h_fig,'style','push',…
```

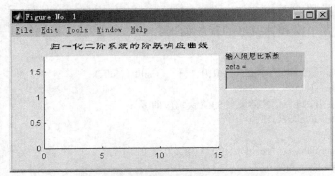

图5-7　在图形界面中添加编辑框和文本框

$'unit', 'normalized', 'position', [0.67, 0.37, 0.12, 0.15], \cdots$
$'string', 'grid\ on', 'callback', 'grid\ on');$
$h\_push2 = uicontrol(h\_fig, 'style', 'push', \cdots$
$'unit', 'normalized', 'position', [0.67, 0.15, 0.12, 0.15], \cdots$
$'string', 'grid\ off', 'callback', 'grid\ off');$

运行程序后生成如图 5-8 所示的图形窗口。

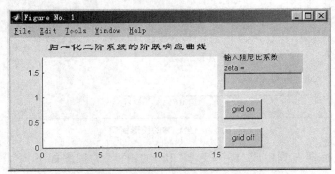

图5-8　添加两个按键的图形界面

（4）在图形窗口的输入对话框,输入一个阻尼比系数 ζ 或者一组阻尼比系数 ζ,可得单位阶跃响应曲线分别如图 5-9 和 5-10 所示。

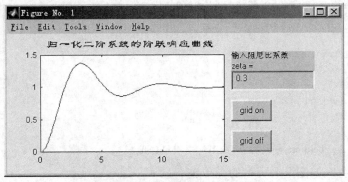

图5-9　输入一个阻尼比得到的响应曲线

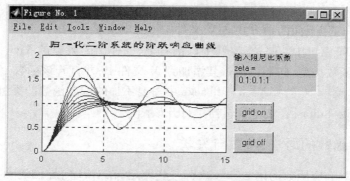

图 5-10　输入一组阻尼比得到的一组响应曲线

5.2　响应函数的编写

5.2.1　响应函数的定义及类型

1）响应函数（回调函数）的定义及类型

在创建 GUI 界面时，系统已经为其自动生成了所需要的 M 文件，一个 GUI 通常包含两个文件，一个 FIG 文件和一个 M 文件。

FIG 文件的扩展名为（.fig），是一种 MATLAB 文件，其中包含 GUI 的布局以及其中包含的所有控件的相关信息。FIG 文件为二进制文件，只能通过 GUI 向导进行修改。

M 文件中包含该 GUI 中控件对应的响应函数及系统函数等，它们包含 GUI 的初始代码及相关响应函数的模板。但这些函数的初始代码并不包括具体的操作动作，用户需要根据自己的要求为界面中的控件编写响应函数的具体内容，这些函数决定当事件发生时的具体操作。

M 文件通常包含一个与文件同名的主函数，各个控件对应的响应函数，这些响应函数为主函数的子函数。响应函数的类型如表 5-2 所示。

表 5-2　响应函数的类型

类型	描　　述
注释	程序注释，当在命令行调用 help 时显示
初始化代码	GUI 向导的初始任务
Opening( )函数	在用户访问 GUI 之前进行初始化任务
Output( )函数	在控制权由 Opening( )函数向命令行转移过程中向命令行返回输出结果
响应函数	这些函数决定控件操作的结果。GUI 为事件驱动的程序，当事件发生时，系统调用相应的函数进行执行

2）访问响应函数

在保存 GUI 时，向导会自动向 M 文件中添加响应函数。另外，用户也可以向 M 文件中添加其他的响应函数。

通过向导,可以用下面两种方式向 M 文件中添加响应函数。

(1) 在 GUIDE 窗口中,在一个控件中点击右键,在弹出的菜单的 View callbacks 中选择需要添加的响应函数类型,向导自动将其添加到 M 文件中,并打开该函数。

(2) 在 View 菜单中,选择 View callbacks 中需要添加的响应函数的类型,也可以在 View 菜单中,选择 M-file Editor,在文本编辑器中打开该函数。

5.2.2 响应函数的语法、参数与关联

MATLAB 中对响应函数的语法和参数有一些约定,在 GUI 向导创建响应函数并写入 M 文件时,应遵守这些约定。如下面为按钮的响应函数模板:

```
%——Executes on button press in ex71_pushbutton2.
function ex71_pushbutton2_Callback(hObject, eventdata, handles)
% hObject        handle to ex71_pushbutton2 (see GCBO)
% eventdata      reserved-to be defined in a future version of MATLAB
% handles        structure with handles and user data (see GUIDATA)
```

用户可以在这里输入函数的其他内容。

1) 函数的名称

GUI 向导创建函数模板时,函数的名称:控件标签(Tag 属性) + 下划线 + 函数属性。如上面的模板中,Tag 属性为 ex71_pushbutton2,响应函数为 Callback,因此函数名为 ex71_pushbutton2_Callback。

每个控件都有以下几种回调函数:

(1) CreateFcn:是在控件对象创建的时候发生(一般为初始化样式、颜色、初始值等)。

(2) DeleteFcn:是在空间对象被清除时发生。

(3) ButtonDownFcn 和 KeyPressFcn:分别为鼠标点击和按键事件的 Callback。

(4) Callback:为一般回调函数,因不同的控件而异。例如当按钮被按下时发生,下拉框改变值时发生,sliderbar 拖动时发生等等。

2) 响应函数包含的函数

在添加控件后第一次保存 GUI 时,向导向 M 文件中添加相应的响应函数,函数名由当前 Tag 属性的当前值确定。因此,如果需要改变 Tag 属性的属性值,应该在保存 GUI 之前进行。

响应函数包括如下参数:

(1) hObject:对象句柄,发生事件时的源控件,如触发该函数的控件的句柄。

(2) eventdata:保留参数。

(3) handles:一个包含图形中所有对象的句柄的结构体。

GUI 向导创建 handles 结构体,并且在整个程序运行过程中保值其值不变。所有的响应函数作用该结构体作为输入参数。

3) 响应函数的关联

一个 GUI 中包含多个控件, GUIDE 中提供了一种方法, 用于指定每个控件所对应的响应函数。GUIDE 通过每个控件的响应属性将控件与对应的响应函数相关联。在默认情况下, GUIDE 将每个控件的最常用的响应属性, 如将 Callback 设置为％ automatic。如每个按钮有 5 个响应属性, 即 ButtonDownFcn、Callback、CreateFcn、DeleteFcn 和 KeyPressFcn, 用户可以通过属性编辑器将其他响应属性设置为％ automatic。当再次保存 GUI 时, GUIDE 将％ automatic 替换为响应函数的名称, 该函数的名称由该控件 Tag 属性及响应函数的名称组成。

5.2.3 初始化响应函数

GUI 的初始化函数包括 opening( )函数和 output( )函数。

1) opening( )函数

打开函数(opening function)在 GUI 出现之前的操作。

在每个 GUI-M 文件中, opening 函数是第一个调用的函数。该函数在所有控件创建完成后, GUI 显示之前运行。用户可以通过 opening( )函数设置程序的初始化任务, 如创建数据、读入数据等。

通常, opening( )函数的名称为"M 文件名 + _OpeningFcn", 如下面的初始模板:

```
%—Executes just before ex71 is made visible.
function ex71_OpeningFcn(hObject, eventdata, handles, varargin)
% This function has no output args, see OutputFcn.
% hObject        handle to figure
% eventdata       reserved-to be defined in a future version of MATLAB
% handles        structure with handles and user data (see GUIDATA)
% varargin        command line arguments to ex71 (see VARARGIN)
% Choose default command line output for ex71
handles. output = hObject;

% Update handles structure
guidata(hObject, handles);

% UIWAIT makes ex71 wait for user response (see UIRESUME)
% uiwait(handles. figure1);
```

其中, 文件名为 ex71, 函数名为 ex71_OpeningFcn。该函数包含 4 个函数, 第 4 个参数 varargin 允许用户通过命令行向 opening( )函数传递参数。opening( )函数将这些参数添加到结构体 handles 中, 供响应函数调用。

2) output( )函数

输出函数(output function)在必要的时候向命令行输出数据。用于向命令行返回 GUI 运行过程中产生的输出结果, 这一点在用户需要将某个变量传递给另一个 GUI 时非常实用。

该函数在 opening( )函数返回控制权和控制权返回至命令行之间运行。因此, 输出参数必须在 opening( )函数中生成, 或者在 opening( )函数中调用 uiwait( )函数中断 output( )的执行,等待其他响应函数生成输出参数。

output( )函数的函数名为"M 文件名 + _OutputFcn",如 GUIDE 在输出函数中生成如下初始模板代码:

```
%—outputs from this function are returned to the command line.
function varargout = ex71_OutputFcn(hObject, eventdata, handles)
% varargout      cell array for returning output args (see VARARGOUT);
% hObject        handle to figure
% eventdata      reserved-to be defined in a future version of MATLAB
% handles        structure with handles and user data (see GUIDATA)

% get default command line output from handles structure
varargout{1} = handles. output;
```

该函数的函数名为 ex71_OutputFcn,output( )函数有一个输出参数 varargout。在默认情况下,output( )函数将 handles. output 的值赋予 varargou,因此 varargou( )的默认输出为 GUI 的句柄,用户可以通过改变 handles. output 值来改变函数输出结果。

5.2.4　添加响应函数

响应函数(Callbacks)是在用户激活 GUI 中的相应控件时所实施的操作代码,用户可以给 GUI 的 M 文件的如下部分增加程序代码。

1)按钮的响应函数

(1)用户可以按上述方法,通过 M 文本编辑器中的函数查看工具查找相应函数,或者使用右键弹出菜单查找相应函数。

在 GUI 编辑器中右键点击相应控件,在弹出菜单中选择菜单命令"View Callbacks|Callback",系统自动打开 M 文本编辑器,并且光标位于相应的函数处。

一般情况下,Callback 函数都以 guidata(hObject,handles)语句结束以更新数据。

(2)用同样方法为其他按钮添加其他的需要的响应函数。

2)弹出菜单的响应函数

弹出菜单的响应函数首先取得弹出菜单的 String 属性和 Value 属性,然后通过分支语句选择数据。

5.3　GUI 设计初步

一个完整的 GUI 设计应该包括以下几个过程:

(1)构思 GUI 图形用户界面

在应用 GUIDE 进行图形用户界面设计之前,需要对 GUI 的图形用户界面进行整体框架构思。需要构思的内容包括:要创建的用户图形界面需要多少控件,它们之间的关系是怎样的,以及在模板上如何布置它们,创建的先后次序,需要编写的程序源代码有多少段等等。

（2）创建组件

创建组件是 GUI 正式设计的开始，用户可以应用 GUIDE 的设计模板来在模板的相应位置上创建控件，一次性把所有需要的控件全部创建好，然后调整这些 GUI 组件的位置。

（3）设置各控件的属性值

对各控件的属性一般采用系统的默认值，但对有些属性必须另外设置其属性值，如对 string、Fontsize、Callback 等需要设置的属性进行设置。

（4）编写 GUI 程序代码

对一些简单的 GUI 程序命令行，可以直接书写在控件的 Callback 属性项里。而对于较复杂程序代码，用户可以启用 M 文件编辑器来编辑 GUI 的程序代码，从而实现组件的预订功能。

（5）保存并运行

保存已经设计好的图形用户界面，然后运行该图形用户界面。

（6）修改

对已经设计好的 GUI，运行后会发现图形用户界面存在的问题和缺点，对这些问题和缺点进行修改，使用户图形界面达到设计的要求，完全实现设计功能。

下面通过一个实例说明 GUI 设计的全过程：

【例 5-3】 创建一个演示三维图形的用户图形界面，使这个用户图形界面具有以下功能：

（1）分旋转曲面、柱面和特殊曲面三类来介绍三个数学公式。

（2）按绘制按钮可以在图形区域绘制该函数的图形。

解 设计步骤如下：

（1）打开 GUI 图形用户界面设计向导

在 MATLAB 命令窗口中，用户可以通过输入命令 GUIDE 打开一个图形用户界面的设计向导。

（2）在已打开的 GUI 用户向导窗口中的"View"菜单下选择"Property Inspector"菜单项，打开属性设计对话框，在"PaperType"和"PaperUnits"属性栏选择相应的纸型大小和单位，纸型 PaperType 中有 20 多种型号的纸型供用户选择，纸张单位中有 inches、centimeters（默认）、normalized 和 points 4 种可供选择。设置完以后关闭对话框。

（3）添加组件

在左侧的控件工具条中选择相应的组件单击，把光标移至模板变为十字形，在合适的位置画出控件轮廓，这样一个控件就添加成功了。如果相同的控件有多个，可以点击窗口工具栏的复制按钮，然后按粘贴按钮复制。本实例中含有三个静态文本框，10 个命令按钮，1 个图形显示框，接下来分别添加这些组件。

① 添加静态文本框

单击控件工具条上的"Static Text"按钮，再将光标移至模板，在左上角画一个方框，这就是第一个静态文本框。然后点击窗口工具条上的复制按钮，再单击两次粘贴，这样就创建了三个静态文本框，如图 5-11 所示。

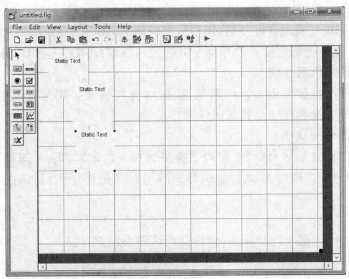

图 5-11 添加静态文本框

② 调整静态文本框位置

同时选定这三个文本框,单击工具栏上的"Align Objects"按钮,在 Vertical 设定控件间距为 Set spacing 为 10,在 Horizontal 设定为左边上下对齐,最后单击"OK"按钮,如图 5-12 所示,关闭对话框使设计生效,调整好位置的文本框如图 5-13 所示。

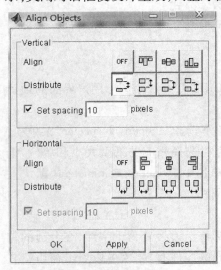

图 5-12 调整位置对话框

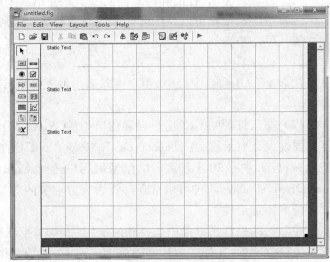

图 5-13 调整好位置的静态文本框

③ 添加命令按钮

单击控件工具条上的"Push Button"按钮,光标移至模板,在静态文本框画一个大小合适的按钮,仿照复制文本框一样的方法再复制 9 个,仿照调整文本框位置一样的方法,调整命令按钮的位置使之对齐,如图 5-14 所示。

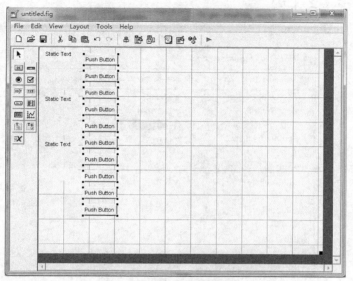

图 5-14　添加并调整命令按钮

④ 添加坐标轴

在控件工具条单击 Axes 按钮,光标移至模板,在命令按钮的右侧画出图形显示框,大小以合适为度,如图 5-15 所示。

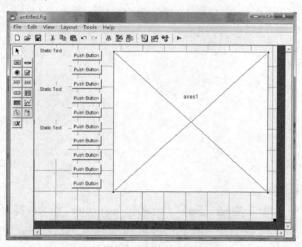

图 5-15　添加坐标轴

(4) 设置控件属性

① 设置静态文本框属性

在第一个文本框上单击右键,打开右键菜单,选择"Property Inspector"选项,打开属性设置对话框,找到 string 属性框,输入:

旋转曲面
$$xz1 = x.^2 + y.^2$$
$$xz2 = 4 - x.^2y.^2$$

$$xz3 = \sin(x.\text{\textasciicircum}2 + y.\text{\textasciicircum}2)$$

找到 HorizontalAlignment 属性框,选择左对齐 left,关闭属性框,如图 5-16 所示。

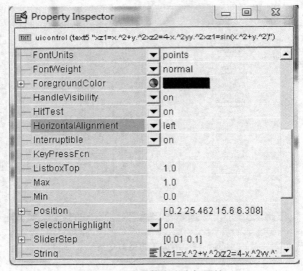

图 5-16　设置静态文本框属性

依照同样的方法,设置第二个文本框的 string 为

柱面
$$zz1 = x.\text{\textasciicircum}2$$
$$zz2 = y.\text{\textasciicircum}2$$
$$zz3 = x.\text{\textasciicircum}2/4 + y.\text{\textasciicircum}2/9$$

第三个文本框的 string 为

特殊曲面
$$tz = x.\ *\ y$$
$$tz = peaks$$
$$tz = membrane$$

② 设置命令按钮属性

在第一个命令按钮上单击右键,选择"Property Inspector"选项,打开属性设置对话框,找到 string 属性框,输入"绘制 xz1 图",找到 tag 属性框输入"xz1button",如图 5-17 所示,然后关闭对话框,依次设置各个命令按钮。第十个命令按钮的 string 输入"清除图形",tag 属性框输入 clearbutton,Callback 属性项输入命令"cla"。

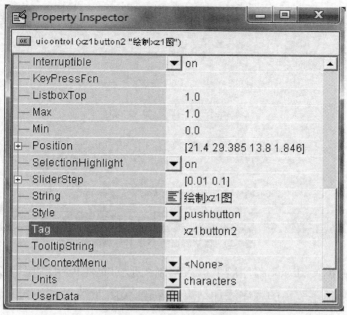

图 5-17　设置命令按钮属性

（5）保存用户图形界面

当控件属性都设置完成以后运行，查看设计的图形界面和外观是否合适，单击窗口工具条上的"Run"按钮，这时系统将提示用户保存图形界面，用户只输入该图形界面的文件名称，最后点击保存按钮即可保存该图形界面，如图 5-18 所示。运行后得到如图 5-19 所示的窗口。

图 5-18　保存用户图形界面

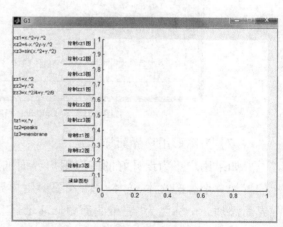

图 5-19　试运行后的图形界面

（6）编写程序代码

单击窗口工具条上的 M-file Editor 按钮，打开该图形界面的 M 文件编辑器，如图 5-20所示。

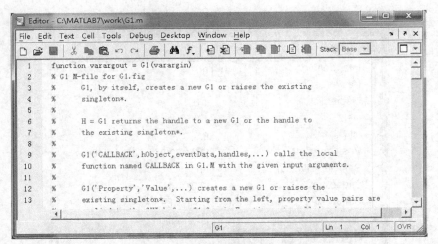

图 5-20　图形界面的 M 文件编辑器

在各命令按钮的 Callback 程序段下加入绘制图形的文件程序，如图 5-21 所示。将各个按钮下的 Callback 程序段中的程序添加结束后保存，关闭 M 文件编辑器。

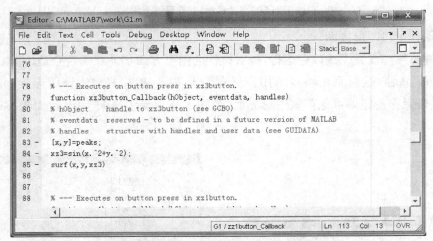

图 5-21　在 Callback 程序段下加入绘制图形的程序

（7）为图形用户界面加标题

如果用户想为设计好的图形用户界面加一个标题，可以用添加静态文本的办法在适当位置加一个静态文本，文本中输入图形用户界面的标题即可。如在本例中为整个图形用户界面添加一个标题为"三维曲面图形演示器"的静态文本作为该界面的标题。

（8）运行图形用户界面

单击窗口工具条上的"Run"按钮，即可运行该图形用户界面，如图 5-22 所示。

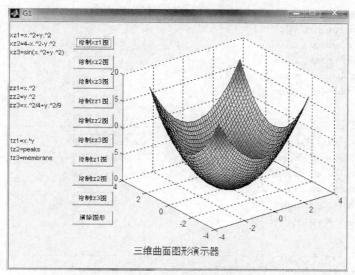

图 5-22　运行该图形用户界面

5.4　综合实例解析

【例5-4】　用单选框做一个如图 5-23 所示的界面,通过选择不同的单选框来决定使用不同的色彩图。

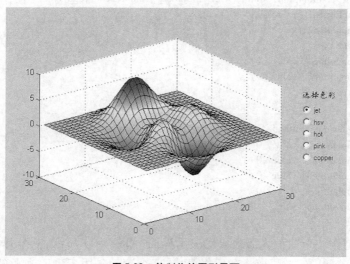

图 5-23　待制作的图形界面

解　步骤如下:
(1) 建立坐标轴对象,用于显示图形;
(2) 建立五个单选框,用于选择不同的色图;
(3) callback 函数的内容为:

```
function varargout = radiobutton1_Callback(h, eventdata, handles, varargin)
set(handles. radiobutton1,'value',1)
set(handles. radiobutton2,'value',0)
set(handles. radiobutton3,'value',0)
set(handles. radiobutton4,'value',0)
set(handles. radiobutton5,'value',0)
colormap(jet)
%- - - - - - - - - - - - - - - - - - - - - - - - - - - - - - - - - - - -
function varargout = radiobutton2_Callback(h, eventdata, handles, varargin)
set(handles. radiobutton1,'value',0)
set(handles. radiobutton2,'value',1)
set(handles. radiobutton3,'value',0)
set(handles. radiobutton4,'value',0)
set(handles. radiobutton5,'value',0)
colormap(hsv)
%- - - - - - - - - - - - - - - - - - - - - - - - - - - - - - - - - - - -
function varargout = radiobutton3_Callback(h, eventdata, handles, varargin)
set(handles. radiobutton1,'value',0)
set(handles. radiobutton2,'value',0)
set(handles. radiobutton3,'value',1)
set(handles. radiobutton4,'value',0)
set(handles. radiobutton5,'value',0)
colormap(hot)
%- - - - - - - - - - - - - - - - - - - - - - - - - - - - - - - - - - - -
function varargout = radiobutton4_Callback(h, eventdata, handles, varargin)
set(handles. radiobutton1,'value',0)
set(handles. radiobutton2,'value',0)
set(handles. radiobutton3,'value',0)
set(handles. radiobutton4,'value',1)
set(handles. radiobutton5,'value',0)
colormap(pink)
%- - - - - - - - - - - - - - - - - - - - - - - - - - - - - - - - - - - -
function varargout = radiobutton5_Callback(h, eventdata, handles, varargin)
set(handles. radiobutton1,'value',0)
set(handles. radiobutton2,'value',0)
set(handles. radiobutton3,'value',0)
set(handles. radiobutton4,'value',0)
set(handles. radiobutton5,'value',1)
colormap(copper)
```

【例 5-5】 制作一个曲面光照效果的演示界面,如图 5-24 所示,三个弹出式菜单分别用于选择曲面形式、色彩图、光照模式和反射模式,三个滚动条用于确定光源的位置,一个按钮用于退出演示。

解 步骤如下:

(1)建立一个静态文本,用于显示界面的标题:光照效果演示;

(2)建立坐标轴对象,用于显示图形;

(3)建立四个下拉菜单,分别用于选择绘图表面的形状、色图、光照模式和反射模式,每个下拉菜单的上方都有一个静态文本用于说明菜单的作用；

图 5-24　待制作的光照效果演示界面

（4）在一个 frame 上建立三个滑条用于确定光源的位置，并在 frame 上方加一说明；

（5）建立一个按钮用于退出演示；

（6）callback 函数的内容为：

```
function varargout = pushbutton1_Callback(h, eventdata, handles, varargin)
delete(handles. figure1)
%  – – – – – – – – – – – – – – – – – – – – – – – – – – – – – – – – – – – – –
function varargout = popupmenu1_Callback(h, eventdata, handles, varargin)
val = get(h,'value');
switch val
case 1
        surf(peaks);
case 2
        sphere(30);
case 3
        membrane
case 4
        [x,y] = meshgrid( -4:.1:4);
        r = sqrt(x.^2 + y.^2) + eps;
        z = sinc(r);
        surf(x,y,z)
case 5
        [x,y] = meshgrid([ -1.5:.3:1.5],[ -1:0.2:1]);
        z = sqrt(4 - x.^2/9 - y.^2/4);
        surf(x,y,z);
case 6
        t = 0:pi/12:3 * pi;
        r = abs(exp( -t/4). * sin(t));
        [x,y,z] = cylinder(r,30);
```

```
        surf(x,y,z);
end
shading interp
light('Position',[ -3 -2 1]);
axis off
%- - - - - - - - - - - - - - - - - - - - - - - - - - - - - - - - - -
function varargout = radiobutton1_Callback( h, eventdata, handles, varargin)
set(h,'value',1)
set(handles. radiobutton2,'value',0)
set(handles. radiobutton3,'value',0)
set(handles. radiobutton4,'value',0)

lighting flat

%- - - - - - - - - - - - - - - - - - - - - - - - - - - - - - - - - -
function varargout = radiobutton2_Callback( h, eventdata, handles, varargin)
set(h,'value',1)
set(handles. radiobutton1,'value',0)
set(handles. radiobutton3,'value',0)
set(handles. radiobutton4,'value',0)

lighting gouraud

%- - - - - - - - - - - - - - - - - - - - - - - - - - - - - - - - - -
function varargout = radiobutton3_Callback( h, eventdata, handles, varargin)
set(h,'value',1)
set(handles. radiobutton1,'value',0)
set(handles. radiobutton2,'value',0)
set(handles. radiobutton4,'value',0)

lighting phong

%- - - - - - - - - - - - - - - - - - - - - - - - - - - - - - - - - -
function varargout = radiobutton4_Callback( h, eventdata, handles, varargin)
set(h,'value',1)
set(handles. radiobutton1,'value',0)
set(handles. radiobutton3,'value',0)
set(handles. radiobutton3,'value',0)

lighting none

%- - - - - - - - - - - - - - - - - - - - - - - - - - - - - - - - - -
function varargout = popupmenu2_Callback( h, eventdata, handles, varargin)
val = get(h,'value');
switch val
case 1
        colormap(jet)
case 2
        colormap(hot)
case 3
        colormap(cool)
case 4
        colormap(copper)
case 5
```

```
                colormap( pink )
case 6
                colormap( spring )
case 7
                colormap( summer )
case 8
                colormap( autumn )
case 9
                colormap( winter )
end
% - - - - - - - - - - - - - - - - - - - - - - - - - - - - - - - - - -
function varargout = popupmenu3_Callback( h, eventdata, handles, varargin)
val = get( h, 'value') ;
switch val
case 1
                lighting flat
case 2
                lighting gouraud
case 3
                lighting phong
case 4
                lighting none
end
% - - - - - - - - - - - - - - - - - - - - - - - - - - - - - - - - - -
function varargout = popupmenu4_Callback( h, eventdata, handles, varargin)
val = get( h, 'value') ;
switch val
case 1
                material shiny
case 2
                material dull
case 3
                material metal
case 4
                material default
end
% - - - - - - - - - - - - - - - - - - - - - - - - - - - - - - - - - -
function varargout = slider1_Callback( h, eventdata, handles, varargin)
val = get( h, 'value') ;
set( handles. edit1 , 'string', num2str( val) ) ;
lx = = val;  ly = get( handles. slider2 , 'value') ;                    ly = get( handles. slider3 , 'value') ;
light( 'Position', [ x y z ] ) ;
% - - - - - - - - - - - - - - - - - - - - - - - - - - - - - - - - - -
function varargout = edit1_Callback( h, eventdata, handles, varargin)
str = get( h, 'string') ;
set( handles. slider1 , 'value', str2num( str) ) ;
lx = = str2num( str) ;      ly = get( handles. slider2 , 'value') ;       ly = get( handles. slider3 , 'value') ;
light( 'Position', [ x y z ] ) ;
```

```
%  -  -  -  -  -  -  -  -  -  -  -  -  -  -  -  -  -  -  -  -  -  -  -  -  -
function varargout = slider2_Callback( h, eventdata, handles, varargin)
val = get( h,'value');
set( handles. edit2,'string',num2str( val) );
lx = get( handles. slider1,'value');      lx = = val;      ly = get( handles. slider3,'value');
light('Position',[ x y z] );
%  -  -  -  -  -  -  -  -  -  -  -  -  -  -  -  -  -  -  -  -  -  -  -  -  -
function varargout = edit2_Callback( h, eventdata, handles, varargin)
str = get( h,'string');
set( handles. slider2,'value',str2num( str) );
%  -  -  -  -  -  -  -  -  -  -  -  -  -  -  -  -  -  -  -  -  -  -  -  -  -
function varargout = slider3_Callback( h, eventdata, handles, varargin)
val = get( h,'value');
set( handles. edit3,'string',num2str( val) );
%  -  -  -  -  -  -  -  -  -  -  -  -  -  -  -  -  -  -  -  -  -  -  -  -  -
function varargout = edit3_Callback( h, eventdata, handles, varargin)
str = get( h,'string');
set( handles. slider3,'value',str2num( str) );
```

思考与练习

1. 做一个带按钮的界面,当按动按钮时,在计算机声卡中播放一段音乐。(提示,找一个. wav 文件,简单起见可以在 windows 目录下找一个文件,将其放在当前工作目录下或搜索路径上,当按动"开始"按钮时调入该文件并播放,发声功能由 sound 函数完成,具体用法请查阅帮助信息)

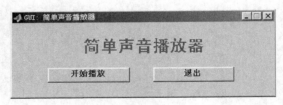

图 5-25

提示:

(1) 先建立一个静态文本对象作为界面的标题"简单声音播放器"

(2) 建立一个按钮对象用于启动播放器,callback 函数中的内容为:

```
[y,f,b] = wavread( 'loff');                          % 读入声音文件 loff. wav
sound(y,f,b)                                         % 由声卡播放声音
```

(3) 再建立一个用于关闭界面的按钮对象,callback 函数中的内容为

```
close( gcbf)
```

2. 做一个滑条(滚动条)界面,图形窗口标题设置为 GUI Demo:Slider,并关闭图形窗口的菜单条。功能:通过移动中间的滑块选择不同的取值并显示在数字框中,如果在数字框中输入指定范围内的数字,滑块将移动到相应的位置,见下图。

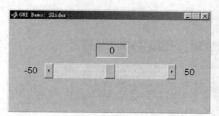 

图 5-26

提示：

（1）在 figure 的属性浏览器中设置 Name 为 GUI Demo：Slider；

（2）先建立一个滑条对象，在属性浏览器中设置 Max 为 50，Min 为 – 50；

（3）在滑条的两端各放置一个静态文本用于显示最大值和最小值；

（4）滑条对象的 callback 函数中的内容为：

```
val = get(handles. slider1 , 'value');
set(handles. edit1 , 'string', num2str(val));
```

（5）在滑条上方放置一个文本框，用于显示滑块的位置所指示的数值，也可以在文本框中直接输入数值，callback 函数中的内容为：

```
str = get(handles. edit1 , 'string');
set(handles. slider1 , 'value', str2num(str));
```

3. 创建一个用于绘图参数选择的菜单对象 Plot Option，其中包含三个选项 Line Sypes、Marker 和 Color，每个选项下面又包含若干个子项，分别可以进行选择图线的类型、标记点的类型和颜色。

提示：

（1）打开菜单编辑器，建立第一级菜单项 Plot Option；

（2）在 Plot Option 菜单项下面建立第二级子菜单项 Line Sypes、Marker 和 Color；

（3）在第二级菜单项下面分别建立第三级子菜单项。

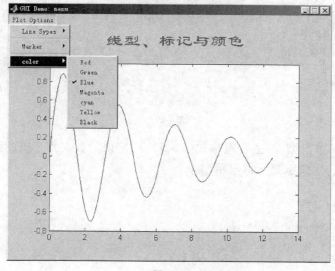

图 5-27

4. 建立三个输入窗口的输入对话框,如图所示。

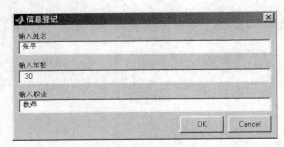

图 5-28

输入命令或程序:

prompt = {'输入姓名','输入年龄','输入职业'};
title = '信息登记';
lines = [1 1 1]';
def = {'张平','3','教师'};
answer = inputdlg(prompt,title,lines,def);

5. 用单选框做一个如图所示的界面,通过选择不同的单选框来决定使用不同的色彩图。

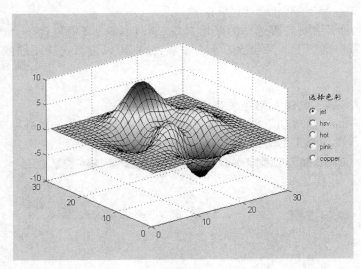

图 5-29

6. 建立一个简单模型,产生一组常数(1×5),再将该常数与其 5 倍的结果合成一个二维数组,用数字显示器显示出来。

6←

MATLAB 在信号类课程中的典型应用与实例解析

6.1 信号处理工具箱简介

MATLAB 工具箱中包含了许多用于解决具体问题的应用程序专用 M 文件,而信号处理工具箱则包含了许多执行信号处理算法的函数,如滤波器设计与实现、频谱分析、加窗、转换等等。本节将简要介绍一下信号处理工具箱的基本情况。

6.1.1 什么是信号处理工具箱

信号处理工具箱(Signal Processing Toolbox)是基于 MATLAB 数值计算环境的一系列工具(函数)的集合。工具箱支持各种形式的信号处理操作,从波形产生到滤波器设计和实现、参数建模和谱分析等等。工具箱提供了两大类工具:命令行函数和图形用户界面(GUI),其中命令行函数主要应用于以下几个方面:离散时间滤波器设计、分析和实现;模拟滤波器设计、分析和实现;线性系统变换;窗函数;谱分析和倒谱分析(cepstral analysis);变换(transforms);统计信号处理;参数建模;线性预测;多速率信号处理;波形产生。

而交互式的图形用户界面主要应用于:滤波器设计和分析、窗函数设计和分析、信号作图和分析、谱分析、滤波处理。

6.1.2 信号的表示方法

在 MATLAB 环境中,大部分数据都是以数值阵列的形式表示,即将一组实数或虚数按一定顺序排列在两维或更多维空间内。因而采集到的基本信号(包括一维信号或序列、多通道信号、二维信号等)都要表示成阵列的形式。

对于一维采样信号或序列,在 MATLAB 中用向量表示。所谓向量是 $1 \times n$ 或 $n \times 1$ 的阵列,这里 n 是序列的采样值个数,引入一个序列的方法之一是在命令提示符后输入一列元素。例如:

```
x = [5  3  8  -6  0  7]
```

这条语句产生了一个简单的行向量,该向量由 6 个实数组成的序列构成。转置变换就会将该序列变成一个列向量:

x = x′

结果为：

x =

    5
    3
    8
  − 6
    0
    7

对于单通道信号而言,最好采用列向量进行表示,这是因为列向量较易扩展到多通道。对于多通道数据而言,一个矩阵中的每一列都对应于一个通道,而矩阵中的每一行对应于一组采样点。一个包含 x、$2x$ 和 $x/2$ 的三通道信号可以表示为：

$$y = \begin{bmatrix} x & 2*x & x/2 \end{bmatrix}$$

将上面的 x 值代入,得到结果：

y =

5.000 0	10.000 0	2.500 0
3.000 0	6.000 0	1.500 0
8.000 0	16.000 0	4.000 0
− 6.000 0	− 12.000 0	− 3.000 0
0.000 0	0.000 0	0.000 0
7.000 0	14.000 0	3.500 0

6.1.3 信号的读入方式

1）在 MATLAB 工作环境内读入

数据的获取一般通过以下两种方式：

（1）直接输入,即在键盘上手动输入数据；

（2）利用 MATLAB 或工具箱函数,例如 sin、cos、sawtooth、square 等等。

2）在 MATLAB 工作环境外读入

在某些应用场合,可能需要从 MATLAB 工作环境之外输入。根据数据的格式,可以采用以下几种方法读入：

（1）利用 MATLAB 的"load"命令,从 ASCII 文件或 MAT 文件中加载数据,该函数的使用方法已在第二章中给出介绍,这里不再赘述；

（2）利用一个低层文件 I/O 函数将数据读入 MATLAB,例如"fopen,fread,fscanf"等；

（3）开发一个 MEX 文件来读取数据；

3）将数据转换为 MAT 文件

也可利用其他资源读入数据,例如高级程序语言（Fortran 或者 C 等）可将数据写成 MAT 文件形式,再用 MATLAB"load"命令读取。

这里需要注意:信号处理工具箱仅支持双精度输入,如果输入单精度浮点型或整数型数据,将得不到正确的结果。将滤波器设计工具箱与定点工具结合使用,可使单精度浮点和定点类型数据应用于滤波处理及滤波器设计中。

6.1.4 工具箱的核心功能

信号处理工具箱函数大部分是一些以 M 文件表示的算法,能够实现多种信号处理功能。这些函数是在 MATLAB 计算与制图环境之外的专门用于信号处理领域的功能扩展。

1)信号与系统

工具箱函数所处理的基本实体是信号和系统,这些函数专门用于处理数字(或离散)信号,而非模拟(或连续)信号。工具箱支持的主要滤波器类型是单输入单输出的线性非时变滤波器,可以利用一个或几个模型(例如传递函数、状态空间、零极点增益等)来表示线性时不变系统,当然,这些不同表达形式之间可以进行相互转换。

2)滤波器设计分析与实现

信号处理工具箱提供滤波器设计功能,即按照特定需求,使用者可以自行设计滤波器。工具箱中包含的滤波器设计功能主要包括 FIR 和 IIR 滤波器设计分析和实现、滤波阶数估计、模拟滤波器原型设计与转换等。

3)线性系统转换

工具箱拥有大量的转换函数,包括二次剖面、状态空间、零极点、网格或梯形函数,以及传递函数之间的转换等。

4)窗函数

工具箱提供了许多常用的窗函数,同时也提供了图形用户界面(GUI)以便于查看和比较这些窗函数,以及利用这些窗函数设计滤波器。

5)谱分析

采用参量和非参量方法,工具箱函数可用于估计功率谱密度、均方谱和伪谱。工具箱中包含的一些谱分析方法有 Burg 法、协方差法、特征向量法、周期图法、Welch 和 Yule-Walker 法等。其他的函数可用于计算功率谱密度平均能量和单边谱,以及将 DC 分量移动到谱中心位置等功能。

6)变换函数

工具箱包含各种类型的变换和逆变换函数,包括傅立叶变换、Z 变换、离散余弦变换、希尔伯特变换等二次剖面、状态空间、零极点、网格或梯形函数,以及传递函数之间的转换等。

7)统计信号处理

工具箱包含计算相关、互相关、协方差和自相关等统计信息的函数。

8)参数建模

工具箱提供了一些用于自回归参数建模的方法,有:Burg 法、协方差法、Yule-Walker 法等,同时也提供了一些函数用于拟合模拟滤波器或离散时间滤波器的频率响应。

9)线性预测

工具箱包含了一些函数用于计算线性预测系数,以及自相关函数与预测多项式、反射系数和线谱频率之间的转换。

10）多速率信号处理

抽取、增降采样、重采样和三次样条插值等多速率信号处理功能,在工具箱中也有相应函数来实现。

11）波形产生

多种周期和非周期波形也可用工具箱中的相应函数来产生,包括线性调频脉冲、高斯射频脉冲、高斯单脉冲、脉冲串、矩形波、三角波、锯齿波、方波等。

12）其他功能

工具箱函数除了能够实现以上各种功能之外,还包括倒谱分析、调制、解调,以及各种绘图方法。

6.2　基于 MATLAB 的信号与系统的时域分析

利用 MATLAB 仿真工具加深对信号与系统的时域分析的理解,主要介绍信号的时域描述方法、信号的时域运算、系统的零状态响应——阶跃响应和冲激响应的求解以及系统的时域分析方法。

6.2.1　信号的时域分析（time domain analysis）

对信号进行时域分析,首先要将信号随时间变化的规律表示出来,MATLAB 强大的图形处理功能及符号运算功能,为我们的分析提供了方便。在 MATLAB 中通常用两种方法来表示信号,一种是向量法,一种是符号运算法。只要信号能用 MATLAB 语句表示出来,利用 MATLAB 的绘图命令就可方便地绘制出直观的信号波形。

MATLAB 中信号的向量描述法一般可以分为三个步骤:

（1）定义自变量的范围和取样间隔时间

连续时间信号的自变量用 t 表示,定义时间范围向量: $t = t_1 : p : t_2$, t_1 为信号起始时间, t_2 为终止时间, p 为时间间隔。

离散时间信号的自变量用 k 表示,由于该信号的特点是只在离散时刻有取值,所以定义时间范围向量: $k = k_1 : k_2$, k_1 为信号对应的起始时间序号, k_2 为信号对应的终止时间序号,默认的时间间隔为 1。

（2）调用信号的函数表达式,求出所有自变量所对应的函数点的取值,得到函数值向量;

（3）调用 MATLAB 中绘图指令画出信号的波形图。连续信号用"plot"函数,离散信号用"stem"函数。

而对于信号的符号运算表示法,只适用于连续时间信号。基本的步骤有两步:

（1）写出信号的符号表达式,通过调用 sym 或 syms 命令来实现;

（2）调用 ezplot 命令绘制信号的波形。需要注意的是,ezplot 只能画出既存在于 Symbolic Math 工具箱中,又存在于总 MATLAB 工具箱中的函数。

下面通过具体的例子对信号的时域分析进行了解。

1)连续时间信号(continuous time signal)的时域描述

MATLAB 软件提供了大量的产生基本信号的函数,如正弦信号,指数信号,矩形信号等。

(1)正弦信号($f(t) = A\cos(\omega t + \varphi)$ 或 $f(t) = A\sin(\omega t + \varphi)$)

MATLAB 的内部函数中有 sin 和 cos 函数,可以表示正弦信号。其调用形式为

f = A * cos(ω * t + phi)
f = A * sin(ω * t + phi)

【例 6-1】 画出取值为 $[-2,2]$ 之间的正弦信号(sine signal)$f = 2\sin\left(2\pi t + \dfrac{\pi}{4}\right)$ 的波形图。

解

方法一 向量(vector)法:

t = -2:0.001:2;
f = 2 * sin(2 * pi * t + pi/4);
plot(t,f)

方法二 符号运算(sign operation)表示法:

f = sym('2 * sin(2 * pi * t + pi/4)');
ezplot(f,[-2,2])

(2)实指数信号(real exponential signal)($f(t) = Ce^{\alpha t}$)

在 MATLAB 中 exp 用来表示指数信号中的 e,其调用形式为:

f = C * exp(a * t)

【例 6-2】 画出取值为 $[-2,2]$ 之间的衰减信号 $f = 2e^{-1.5t}$ 的波形图(Waveform)。

解

方法一 向量法:

t = -2:0.001:2;
f = 2 * exp(-1.5 * t);
plot(t,f)

方法二 符号运算表示法:

f = sym('2 * exp(-1.5 * t)');
ezplot(f,[-2,2])

(3)抽样信号$\left(f(t) = Sa(t) = \dfrac{\sin t}{t}\right)$(sampling signal)

MATLAB 中没有直接提供抽样信号的函数,提供的是 sinc 函数,其定义为

$$\text{sinc}(t) = \frac{\sin(\pi t)}{\pi t}$$

要用 sinc 函数表示抽样信号 $Sa(t)$,调用形式为:

f = sinc(t/pi)

【**例 6-3**】 画出取值为[−10,10]之间的抽样信号 $f = Sa(t)$ 的波形图。

解

```
t = −10:0.001:10;
f = sinc( t/pi) ;
plot( t,f)
```

（4）门函数（$f(t) = G_\tau(t)$）（rectangular or door function）

MATLAB 中提供 rectpuls 函数来表示矩形脉冲信号。rectpuls(t,width)可产生高度为 1、宽度为 width、关于 $t = 0$ 对称的矩形脉冲信号。width 的默认值为 1。

用该函数产生门函数 $G_\tau(t)$ 的调用形式为：

```
f = rectpuls( t,τ)
```

【**例 6-4**】 画出取值为[−3,3]之间的门函数 $f(t) = G_4(t)$ 的波形图。

解

```
t = −3:0.001:3;
f = rectpuls( t,4) ;
plot( t,f)
```

（5）符号函数 $\left(f(t) = \text{sgn}(t) = \begin{cases} 1, & t > 0 \\ -1, & t < 0 \end{cases} \right)$

MATLAB 中提供 sign 函数来表示符号函数，其调用形式为：

```
f = sign( t)
```

【**例 6-5**】 画出取值为[−3,3]之间的符号函数 $f(t) = \text{sgn}(t)$ 的波形图。

解

```
t = −3:0.001:3;
f = sign( t) ;
plot( t,f)
```

（6）阶跃信号（$f(t) = u(t)$）

MATLAB 中表示阶跃信号的方法很多，常用的有以下两种。

方法一 函数 stepfun 可以生成单位阶跃序列，将时间间隙取足够小，可以近似得到阶跃信号。在 t_0 时刻发生跃变的阶跃信号调用形式为：

```
f = stepfun( t,t)
t = −3:0.0001:3;
f = stepfun( t,0) ;
plot( t,f)
```

方法二 借助阶跃信号的定义，$u(t) = \dfrac{1}{2} + \dfrac{1}{2}\text{sgn}(t)$，所以可借助符号函数来实现。

```
t = −3:0.0001:3;
f = 1/2 + 1/2 * sign( t) ;
plot( t,f)
```

方法三　在 MATLAB 的 Symbolic Math Toolbox 中有单位阶跃函数 Heaviside。只要在工作目录 work 下创建 Heaviside 的 M 文件,函数 ezplot 可以实现其可视化。

```
function f = Heaviside(t)
f = (t > 0);
```

保存时,以 Heaviside. m 为该 M 文件的文件名,以后就可以直接调用了。

```
f = sym('Heaviside(t - 1)');
ezplot(f,[ -1,4])
```

这样就可以非常方便地应用阶跃信号表示其他信号。

【例 6-6】　画出函数 $f(t) = u(t) - u(t-2)$ 的波形图。

解

```
f = sym('Heaviside(t) - Heaviside(t - 2)');
ezplot(f,[ -1,4])
```

2) 离散时间信号(discrete time signal)的时域描述

离散信号 $f(k)$ 又称为序列,用 MATLAB 描述需要两个变量,一个表示 k 的取值范围,另一个表示离散序列的值。序列 $f(k) = \{1, \quad -1, \quad 0, \quad \underset{\underset{k=0}{\uparrow}}{3}, \quad 2, \quad 1, \quad 0, \quad 1\}$,在 MATLAB 中表示为:$k = -3:4; f = [1, -1, 0, 3, 2, 1, 0, 1]$;其中 k 表示序列的取值范围,f 表示序列里的所有取值。由于计算机内存的限制,MATLAB 无法表示无限序列。对序列进行可视化,需要用到的函数是"stem"。

【例 6-7】　画出指数序列(exponential sequence)$f(k) = (0.2)^k$ 的波形图。

解

```
k = -3:5;
f = 0.2.^k;
stem(k,f);
```

MATLAB 提供了一些函数可以产生一些特殊的序列。

函数 ones(1,N) 可以产生序列长度为 N,数值全为 1 的序列;

函数 zeros(1,N) 可以产生序列长度为 N,数值全为 0 的序列;

函数 randn(1,N) 可以产生序列长度为 N 的正态随机分布的序列;

(1) 单位阶跃序列($f(k) = u(k)$)(unit step sequence)

利用函数 stepfun 可以实现单位阶跃序列的描述,其调用形式为

```
f = stepfun(k,k0)
```

【例 6-8】　画出单位阶跃序列 $f(k) = \varepsilon(k-2)$ 的波形图。

解

方法一　借助 stepfun 函数:

```
k = -3:5;
f = stepfun(k,2);
stem(k,f);
```

方法二 根据定义，$u(k-2) = \begin{cases} 0, & k < 2 \\ 1, & k \geqslant 2 \end{cases} = \{\cdots 0, \quad 0, \quad \underset{k=0}{0}, \quad 0, \quad 1, \quad 1, \quad 1 \cdots\}$

```
k = -3:5;
f = [zeros(1,5),ones(1,4)];
stem(k,f);
```

（2）单位冲激序列（$f(k) = \delta(k)$）（unit impulse sequence）

单位序列的定义 $\delta(k) = \begin{cases} 0, & k \neq 0 \\ 1, & k = 0 \end{cases} = \{\cdots 0, \quad 0, \quad \underset{k=0}{1}, \quad 0, \quad 0, \quad 0, \quad 0 \cdots\}$。

```
k = -3:5;
f = [zeros(1,3),1,zeros(1,5)];
stem(k,f);
```

3）连续信号的时域运算（time domain operation）

连续信号的时域运算包括相加、相乘、平移（shifting）、反褶（transpose）、尺度（scaling）变换。

（1）信号相加与相乘

MATLAB 中提供了算术运算符" + "和" . * "来实现信号的相加和相乘，要保证信号运算的正确性，需要保证这两个信号的长度相同和取值时刻相同，其调用形式为

两信号相加：f = f1 + f2;

两信号相乘：f = f1. * f2;

【例 6-9】 画出信号 $f(t) = \sin(3t) + \cos(2t), f(t) = \sin(3t) \cdot \cos(2t)$ 的波形图。

解

```
t = -3:0.0001:3;
f1 = sin(3 * t);
f2 = cos(2 * t);
f3 = f1 + f2;
f4 = f1. * f2;
subplot(1,2,1),plot(t,f3);
subplot(1,2,2),plot(t,f4);
```

（2）信号平移、反褶和尺度变换

信号的平移、反褶和尺度变换就是函数自变量 t 的运算。MATLAB 中提供的 subs 函数可实现其符号运算表示。

信号平移就是变量 $t - t_0$ 取代变量 t，调用形式为：subs(f,t,t-t0);

信号反褶就是变量 $-t$ 取代变量 t，调用形式为：subs(f,t, -t);

信号尺度变换就是变量 $a * t$ 取代变量 t，调用形式为：subs(f,t,a * t);

【例 6-10】 画出信号 $f(t) = t[u(t) - u(t-2)]$ 的波形图，并求出 $f(t-2), f(-t), f(2t), f(-2t+3)$ 的波形图。

解

```
f = sym('t * (Heaviside(t) − Heaviside(t − 2))');
subplot(2,3,1),ezplot(f,[−1,3]);
f1 = subs(f,t,t − 2);
subplot(2,3,2),ezplot(f1,[1,5]);
f2 = subs(f,t,−t);
subplot(2,3,3),ezplot(f2,[−3,1]);
f3 = subs(f,t,2 * t);
subplot(2,3,4),ezplot(f3,[−1,3]);
f4 = subs(f,t,−2 * t + 3);
subplot(2,3,5),ezplot(f1,[−3,5]);
```

（3）信号的卷积（signal convolution）

用 MATLAB 实现连续信号 $f_1(t)$ 与 $f_2(t)$ 卷积的过程如下：

① 将连续信号 $f_1(t)$ 与 $f_2(t)$ 以时间间隔 Δ 进行取样，得到离散序列 $f_1(k\Delta)$ 和 $f_2(k\Delta)$；

② 构造与 $f_1(k\Delta)$ 和 $f_2(k\Delta)$ 相对应的时间向量 k_1 和 k_2；

③ 调用 conv( ) 函数计算卷积积分 $f(t)$ 的近似向量 $f(n\Delta)$；

④ 构造 $f(n\Delta)$ 对应的时间向量 k。

【例 6-11】 已知两连续时间信号如图 6-1 所示，试用 MATLAB 求 $f(t) = f_1(t) * f_2(t)$，并绘出 $f(t)$ 的时域波形图。（设定取样时间间隔为 p）

解

```
p = 0.1;
k1 = 0:p:2;
f1 = rectpuls(k1 − 1,length(k1));
k2 = k1;
f2 = f1;
[f,k] = sconv(f1,f2,k1,k2,p)
```

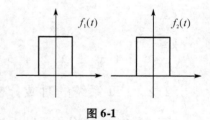

图 6-1

4）离散信号（discrete time signal）的时域运算

离散信号的相加与相乘与连续信号的相加与相乘运算是一致的，在此就不再重复。这里介绍离散信号的其他时域运算，包括差分、求和、反褶和卷积和。

（1）信号的差分（difference）与求和

信号的差分运算为 $y(k) = f(k+1) − f(k)$，MATLAB 中用函数 diff 实现差分运算，其调用格式为：

```
y = diff(f)
```

信号的求和为 $y = \sum_{k=k_1}^{k_2} f(k)$，将序列 $f(k)$ 中 k_1 和 k_2 之间的序列值相加起来。MATLAB 中用函数 sum 实现求和运算，其调用格式为：

```
y = sum(f(k1:k2));
```

如 $k = -2:5$，一有限长序列：$f = [1, -1, 2, 0, 1, 3, 4, 5]$。调用 $y = diff(f)$，得到求差分后的结果为 $y = [-2, 3, -2, 1, 2, 1, 1]$；调用 $y = sum(f(1:4))$，即求序列 f 中的第 1 项到第 4

项数值之和,得到求和结果为 $y = 2$。

（2）信号的反褶（transpose）

在离散信号求反褶中可以使用函数 fliplr 来实现,其调用格式为: $y = \text{fliplr}(f)$;

（3）信号的卷积和（convolution sum）

MATLAB 提供了函数 conv 来实现两信号的卷积和。长度为 N 的序列 A 与长度为 M 的序列 B 求卷积和,其调用形式为: $y = \text{conv}(A, B)$,得到的序列 y 的长度为 $N + M - 1$。

【例 6-12】 已知序列 $f_1(k) = \{1, \quad 1, \quad \underset{k=0}{2}, \quad -1, \quad 3, \quad 1\}$ $f_2(k) = \{\underset{k=0}{1}, \quad 1, \quad 1, \quad 1\}$,求 $f_1(k) * f_2(k)$。

解

```
k1 = -2:3;f1 = [1,1,2,-1,3,1];        %序列 f1 的长度为 6,起点为 -2;
k2 = 0:3;f2 = [1,1,1,1];              %序列 f2 的长度为 4,起点为 0;
f = conv(f1,f2);
k0 = k1(1) + k2(1);
k3 = length(f1) + length(f2) - 2;
k = k0:k0 + k3;                       %计算卷积和序列的起始位置
stem(k,f)
```

运行结果:

```
f =
    1  2  4  3  5  5  3  4  1
k =
   -2  -1  0  1  2  3  4  5  6
```

6.2.2 LTI 系统的时域分析

LTI 系统的时域分析可以从求解系统的微分（或差分）方程来入手。但由于微分（或差分）方程求解的复杂性,我们这里只讨论零状态响应的求解。

1）连续系统（continuous system）的时域分析

在 MATLAB 的控制系统工具箱中,冲激响应 $h(t)$ 利用函数 impulse 来实现,阶跃响应 $s(t)$ 利用函数 step 来实现。两种函数的调用格式分别为:

```
y = impulse(sys, t)
y = step(sys, t)
```

其中,sys 表示连续 LTI 系统的系统模型;t 表示要计算系统响应的时间范围。对于给定 LTI 系统的微分方程为 $\sum_{i=0}^{n} a_i y^{(i)}(t) = \sum_{j=0}^{m} b_j f^{(j)}(t)$,该系统模型 sys 可借助函数 tf 获得,其调用格式为:

```
sys = tf(b, a)
```

式中 $b = [b_m, b_{m-1}, \cdots, b_1, b_0]$,$a = [a_n, a_{n-1}, \cdots, a_1, a_0]$。

【例 6-13】 某连续 LTI 系统,其微分方程为 $y''(t) + 3y'(t) + 2y(t) = f'(t) + 2f(t)$,求 $[0,10]$ 之间的系统的冲激响应和阶跃响应。

解

```
a = [1 3 2];
b = [1 2];
sys = tf(b, a);
t = 0:0.001:10;
h = impulse(sys, t);
s = step(sys, t);
subplot(1,2,1),plot(t, h);
subplot(1,2,2),plot(t, s);
```

2) 离散系统(discrete system)的时域分析

对于系统差分方程为 $\sum_{k=0}^{N} a_k y(n-k) = \sum_{m=0}^{M} b_m f(n-m)$ 的离散系统,其单位响应的求解,有以下几种方法:

(1) 借助迭代法求解;

(2) 借助信号处理工具箱中的函数 impz 来实现,其调用格式为:

```
h = impz(b,a,n)
```

其中,$b = [b_0, b_1, \cdots, b_{M-1}, b_M]$,$a = [a_0, a_1, \cdots, a_{N-1}, a_N]$,$n$ 表示响应的取值范围。

(3) 可借助信号处理工具箱中的函数 filter 来实现,其调用格式为:

```
y = filter(b,a,f)
```

其中,b、a 同上,f 表示输入序列,y 为系统对输入为 f 时的零状态响应,即输出序列。

【例 6-14】 某离散 LTI 系统差分方程 $y(n) - 2y(n-1) + 3y(n-2) = f(n) + 2f(n-1)$,求系统的单位响应 $h(n)$。

解

方法一　迭代法求解

思路:单位响应 $h(n)$ 的定义是激励 $f(n) = \delta(n)$ 时系统的零状态响应。激励与响应之间的关系为 $h(n) = \delta(n) + 2\delta(n-1) + 2h(n-1) - 3h(n-2)$。已知 $h(-1) = 0$,$h(-2) = 0$,$\delta(n) = \begin{cases} 1, & n = 0 \\ 0, & n \neq 0 \end{cases}$,可以得到 $h(0) = 1$,$h(1) = 4$,$h(2) = 5$,依此类推。

由此,编写程序如下:

```
h0 = 1;
h1(1) = 4;
h1(2) = 2 * h1(1) - 3 * h0;
for k = 3:10;
h1(k) = 2 * h1(k-1) - 3 * h1(k-2);
end
hh = [h0 h1(1:10)]
subplot(131),
k = 1:11;
stem(k-1,hh);
```

运行结果:

```
hh =
    1    4    5   -2   -19   -32   -7   82   185   124   -307
```

方法二 impz 函数实现

```
a = [ 1  -2  3 ];
b = [ 1  2 ];
n = 0:10;
h = impz( b,a,n );
subplot( 132 ),
stem( n,h );
```

运行结果：

```
h =
    1
    4
    5
   -2
  -19
  -32
   -7
   82
  185
  124
 -307
```

方法三 filter 函数实现

单位响应，即输入函数为 $\delta(n)$，写成序列形式为 $f = [1,0,0,0,\cdots]$。

```
f = [ 1,zeros( 1,10 ) ]
h2 = filter( b,a,f )
subplot( 133 ),
k = 1:11;
stem( k-1,h2 );
```

运行结果：

```
h2 =
    1   4   5   -2   -19   -32   -7   82   185   124   -307
```

用三种方法产生的相应图形如图 6-2 所示。

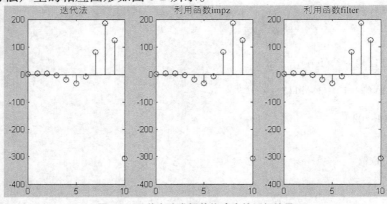

图 6-2　三种方法求解单位响应的运行结果

6.3　基于 MATLAB 的信号与系统的频域分析

6.3.1　信号的频域分析(frequency analysis)

MATLAB 的 Symbolic Math Toolbox 中提供了函数 fourier 和 ifourier 求解傅立叶变换及其逆变换。调用时需要注意的是所用到的变量均为符号变量,即
需要借助 sym 或 syms 对变量进行定义。

1)傅立叶正变换(Fourier transform)

函数 fourier 是按照 $F(jw) = \int_{-\infty}^{\infty} f(t) e^{-jwt} dt$ 来定义的,其调用格式为:

F = fourier(f)
F = fourier(f, v)
F = fourier(f, u,v)

2)傅立叶反变换(inverse Fourier transform)

函数 ifourier 是按照 $f(t) = \int_{-\infty}^{\infty} F(jw) e^{jwt} dw$ 来定义的,其调用格式为:

f = ifourier(F)
f = ifourier(F, u)
f = ifourier(F, v, u)

通过这两个函数得到的是函数表达式。

6.3.2　系统的频域分析(frequency analysis)

连续系统的频率特性又称为频率响应特性、系统函数,其定义为:

$$H(j\omega) = \frac{Y_{zs}(j\omega)}{F(j\omega)} = \frac{b_m(j\omega)^m + b_{m-1}(j\omega)^{m-1} + \cdots + b_0}{a_n(j\omega)^n + a_{n-1}(j\omega)^{n-1} + \cdots + a_0} = |H(j\omega)| e^{j\varphi(\omega)}$$

式中,$F(j\omega)$ 为系统激励信号的傅立叶变换,$Y_{zs}(j\omega)$ 为系统在零状态响应时的傅立叶变换,$|H(j\omega)|$ 为系统函数的幅频特性,$\varphi(\omega)$ 为系统函数的相频特性。MATLAB 提供了函数 freqs 来计算连续系统的频率响应 $H(j\omega)$,其调用格式为:

H = freqs(b,a,w)
[H,w] = freqs(b,a)

其中,$b = [b_m, b_{m-1}, \cdots, b_1, b_0]$,$a = [a_n, a_{n-1}, \cdots, a_1, a_0]$,$w$ 为需计算的 $H(j\omega)$ 的抽样点。

【例 6-15】　试分析图 6-3 所示的(a)、(b)中各系统的频率响应特性,并画出其频率特性曲线。

解　根据电路(circuit)方面的知识可以求得以上系统的频率响应特性分别为

$$H(j\omega) = \frac{j\omega}{j\omega + \frac{1}{RC}}$$　　　　　　　　　　　(式 6-1)

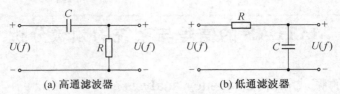

(a) 高通滤波器　　　　　　　(b) 低通滤波器

图 6-3　常见的系统

$$H(j\omega) = \frac{\dfrac{1}{RC}}{j\omega + \dfrac{1}{RC}}$$

（式 6-2）

$$H(j\omega) = \frac{-j\omega + \dfrac{R}{L}}{j\omega + \dfrac{R}{L}}$$

（式 6-3）

假设 $R = 1\ \Omega, L = 0.04\ \mathrm{H}, C = 0.04\ \mathrm{F}$，则各系统的频率响应特性分别为（a）

$$H(j\omega) = \frac{j\omega}{j\omega + 25}$$

（式 6-4）

$$H(j\omega) = \frac{25}{j\omega + 25}$$

（式 6-5）

$$H(j\omega) = \frac{-j\omega + 25}{j\omega + 25}$$

（式 6-6）

（1）高通滤波器的频率响应特性

```
b = [25];
a = [1 25];
[H,w] = freqs(b,a);
figure,
subplot(121),plot(w,abs(H));
subplot(122),plot(w,angle(H));
```

其对应的响应曲线如图 6-4 所示。

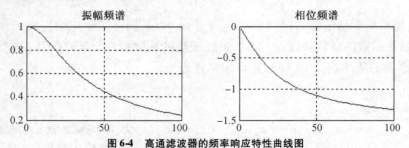

图 6-4　高通滤波器的频率响应特性曲线图

（2）低通滤波器的频率响应特性

```
b = [-1 25];
a = [1 25];
[H,w] = freqs(b,a);
figure,
```

subplot(121),plot(w,abs(H));
subplot(122),plot(w,angle(H));

其对应的响应曲线如图 6-5 所示。

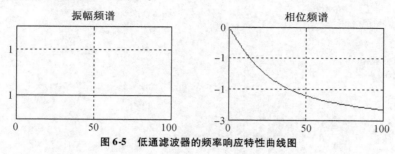

图 6-5 低通滤波器的频率响应特性曲线图

6.3.3 傅立叶变换在通信系统(communication)中的应用

1) 幅度调制(amplitude modulation)

设信号 $f(t)$ 的频谱为 $F(j\omega)$,现将 $f(t)$ 乘以载波信号 $\cos(\omega_0 t)$,得到高频的已调信号 $y(t)$,即:
$$y(t) = f(t)\cos(\omega_0 t)$$
其中,$f(t)$ 称为调制信号(modulated signal)。

从频域上看,已调制信号 $y(t)$ 的频谱为原调制信号 $f(t)$ 的频谱搬移到 $\pm\omega_0$ 处,幅度降为原 $F(j\omega)$ 的 $1/2$,即:
$$f(t)\cos(\omega_0 t) \leftrightarrow \frac{1}{2}\{F[j(\omega+\omega_0)] + F[j(\omega-\omega_0)]\}$$

上式即为调制原理,也是傅立叶变换性质中"频移特性"的一种特别情形。这里采用的调制方法为抑制载波方式,即 $y(t)$ 的频谱中不含有 $\cos(\omega_0 t)$ 的频率分量。

MATLAB 提供了专门的函数 modulate() 用于实现信号的调制。调用格式为:

y = modulate(x,Fc,Fs,'method')
[y,t] = modulate(x,Fc,Fs)

其中,x 为被调信号,F_c 为载波频率,F_s 为信号 x 的采样频率,method 为所采用的调制方式,若采用幅度调制、双边带调制、抑制载波调制,则'method'为'am'或'amdsd-sc'。其执行算法为:

y = x * cos(2 * pi * Fc * t)

其中,y 为已调信号,t 为函数计算时间间隔向量。

在 MATLAB 的实现程序中,为了观察 $f(t)$ 及 $y(t)$ 的频谱,可使用"信号处理工具箱函数"中估计信号的功率谱(power spectrum)密度函数(density function)psd(),其格式是:

[Px,f] = psd(x,Nfft,Fs,window,noverlap,dflag)

其中,x 是被调信号(即本例中的 $f(t)$),Nfft 指定快速傅氏变换 FFT 的长度,F_s 为对信号的采样频率。

【例 6-16】 设信号 $f(t) = \sin(100\pi t)$,载波 $y(t)$ 为频率为 400 Hz 的余弦信号。试用 MATLAB 实现调幅信号 $y(t)$,并观察 $f(t)$ 的频谱和 $y(t)$ 的频谱,以及两者在频域上的关系。

解 编写程序如下：

```
Fs = 1000;
Fc = 400;
N = 1000;
n = 0:N - 2;
t = n/Fs;
x = sin(2 * pi * 50 * t);
subplot(221)
plot(t,x);
xlabel('t(s)');
ylabel('x');
title('被调信号');
axis([0 0.1 - 1 1])
Nfft = 1024;
window = hamming(512);
noverlap = 256;
dflag = 'none';
[Pxx,f] = psd(x,Nfft,Fs,window,noverlap,dflag);
subplot(222)
plot(f,Pxx)
xlabel('频率(Hz)');
ylabel('功率谱(X)');
title('被调信号的功率谱')
grid
y = modulate(x,Fc,Fs,'am');
subplot(223)
plot(t,y)
xlabel('t(s)');
ylabel('y');
axis([0 0.1 - 1 1])
title('已调信号')
[Pxx,f] = psd(y,1024,Fs,window,noverlap,dflag);
subplot(224)
plot(f,Pxx)
xlabel('频率(Hz)');
ylabel('功率谱(Y)');
title('已调信号的功率谱');
grid
```

程序运行结果如图 6-6 所示。

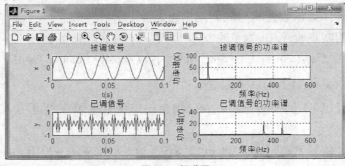

图 6-6 频谱图

2）采样（sampling）

对某一连续时间信号 $f(t)$ 进行采样可表示为 $f_s(t) = f(t) \cdot \delta T_s(t)$，其中，单位冲激采样信号（unit impulse sampling signal）$\delta T_s(t)$ 的表达式为：

$$\delta T_s(t) = \sum_{n=-\infty}^{\infty} \delta(t - nTs)$$

其傅立叶变换为 $\Omega_s \sum_{n=-\infty}^{\infty} \delta(\Omega - n\Omega_s)$，其中 $\Omega_s = 2\pi/T$，设 $F(j\Omega)$ 为 $f(t)$ 的傅立叶变换，$f_s(t)$ 的频谱为 $F_s(j\Omega)$，由傅立叶变换的频域卷积定理（frequency convolution theorem），有：

$$f_s(t) = f(t) \cdot \delta T_s(t) \leftrightarrow F_s(j\Omega) = \frac{1}{2\pi} F(j\Omega) * \Omega_s \sum_{n=-\infty}^{\infty} \delta(\Omega - n\Omega_s) = \frac{1}{Ts} \sum_{n=-\infty}^{\infty} F[j(\Omega - n\Omega_s)]$$

若设 $f(t)$ 是带限信号，带宽为 Ωm，即当 $|\Omega| > \Omega m$ 时 $f(t)$ 的频谱 $F(j\Omega) = 0$，则 $f(t)$ 经过采样后的频谱 $F_s(j\Omega)$ 就是 $F(j\Omega)$ 在频率轴上搬移至 $0, \pm \Omega s, \pm 2\Omega s, \cdots, \pm n\Omega s, \cdots$ 处（幅度为原频谱的 $1/Ts$ 倍）。因此，当 $\Omega s \geq 2\Omega m$ 时，频谱不会发生混叠；而当 $\Omega s \leq 2\Omega m$ 时，频谱发生混叠。

设信号 $f(t)$ 被采样后形成的采样信号（sampling signal）为 $f_s(t)$，信号的重构（Restructure）是指由 $f_s(t)$ 经内插处理后，恢复（Recovery）出原来的信号 $f(t)$ 的过程，因此又称为信号恢复。设 $f(t)$ 为带限信号，带宽为 Ωm，经采样后的频谱为 $F_s(j\Omega)$。设采样频率 $\Omega s \geq 2\Omega m$，则 $F_s(j\Omega)$ 是以 Ωs 为周期的谱线。现取一个频率特性为

$$H(j\Omega) = \begin{cases} Ts, & \lfloor \Omega \rfloor < \Omega c \\ 0, & \lfloor \Omega \rfloor > \Omega c \end{cases} \quad （其中，截止频率 \Omega c 满足 \Omega m \leq \Omega c \leq \Omega s/2）$$

的理想低通滤波器（ideal low-pass filter）与 $F_s(j\Omega)$ 相乘，得到的频谱即为原信号的频谱 $F(j\Omega)$。

根据时域卷积定理（time domain convolution theorem），有：

$$f(t) = h(t) * fs(t)$$

其中，

$$f_s(t) = f(t) \cdot \sum_{n=-\infty}^{\infty} \delta(t - nTs) = \sum_{n=-\infty}^{\infty} f(nTs) \cdot \delta(t - nTs)$$

$$h(t) = F^{-1}[H(j\Omega)] = Ts \frac{\Omega c}{\pi} Sa(\Omega ct)$$

其中 Ωc 为 $H(j\Omega)$ 的截止角频率。

因此，得到：

$$f(t) = f_s(t) * Ts \frac{\Omega c}{\pi} Sa(\Omega ct) = \frac{Ts \Omega c}{\pi} \sum_{n=-\infty}^{\infty} f(nTs) Sa[\Omega c(t - nTs)]$$

上式即为用 $f(nTs)$ 表达 $f(t)$ 的表达式，其中的抽样函数 $Sa(\Omega ct)$ 为内插函数（Interpolation function）。

【例 6-17】 设信号 $f(t) = Sa(t) = \sin(t)/t$ 作为被采样的信号，其

$$F(j\Omega) = \begin{cases} \pi, & \lfloor \Omega \rfloor < 1 \\ 0, & \lfloor \Omega \rfloor > 1 \end{cases}$$

即信号的带宽 $\Omega m = 1$。当采样频率 $\Omega s = 2\Omega m$ 时,被称为临界采样(取 $\Omega c = \Omega m$)。在临界采样状态下实现对信号 $Sa(t)$ 的采样及由该采样信号恢复 $Sa(t)$。

解 编写程序如下

```
clear;
wm = 1;                                                    %信号带宽
wc = wm;                                                   %滤波器截止频率
Ts = pi/wm;                                                %采样间隔
ws = 2 * pi/Ts;                                            %采样角频率
n = -100:100;                                              %时域采样点数
nTs = n * Ts;                                              %时域采样点
f = sinc(nTs/pi);
Dt = 0.005;
t = -15:Dt:15;
fa = f * Ts * wc/pi * sinc((wc/pi) * (ones(length(nTs),1) * t - nTs' * ones(1,length(t))));   %信号重构
error = abs(fa - sinc(t/pi));                              %求重构信号与原信号的误差
t1 = -15:0.5:15;
f1 = sinc(t1/pi);
subplot(3,1,1);
stem(t1,f1);
xlabel('kTs');
ylabel('f(kTs)');
title('sa(t) = sinc(t/pi)临界采
样信号');
subplot(3,1,2);
plot(t,fa);
xlabel('t');
ylabel('fa(t)');
title('由 sa(t) = sinc(t/pi)的临
界采样信号重构 sa(t)');
grid;
subplot(3,1,3);
plot(t,error);
xlabel('t');
ylabel('error(t)');
title('临界采样信号与原信号的
误差 error(t)');
```

程序运行结果如图 6-7
所示。

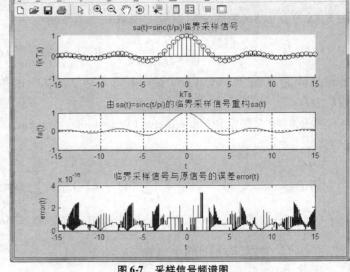

图 6-7　采样信号频谱图

6.4　基于 MATLAB 的信号与系统的 s 域分析

6.4.1　信号的 s 域分析

MATLAB 的 Symbolic Math Toolbox 中提供了函数 laplace 和 ilaplace 求解拉普拉斯变换及其逆变换。调用时需要注意的是所用到的变量均为符号变量,即需要借助 sym 或 syms 对

变量进行定义。

1）拉普拉斯正变换（Laplace transform）

函数 laplace 是按照 $F(s) = \int_{-\infty}^{\infty} f(t)e^{-st}dt$ 来定义的,其调用格式为:

L = laplace (f)
L = laplace (f, t)
L = laplace (f, t, x)

例如,以下程序

f = sym('Heaviside(t)');   ％求阶跃信号的拉普拉斯变换。
laplace(f)

运行结果:

ans = 1/s

2）拉普拉斯反变换（inverse Laplace transform）

而函数 ilaplace 是按照 $f(t) = \int_{-\infty}^{\infty} F(jw)e^{jwt}dw$ 来定义的,其调用格式为:

f = ilaplace (L)
f = ilaplace (L, y)
f = ilaplace(L, y, x)

【例 6-18】 求象函数 $F(s) = \dfrac{s-1}{s^2 + 3s + 2}$ 的原函数。

解

syms s
ilaplace((s-1)/(s.^2 + 3*s + 2))

运行结果:

ans = -2 * exp(-t) + 3 * exp(-2*t)

所以,原函数为 $f(t) = (3e^{-2t} - 2e^{-t})u(t)$。

3）部分分式法（partial fraction expansion）求拉普拉斯反变换

对于复杂的象函数,形如 $F(s) = \dfrac{N(s)}{D(s)} = \dfrac{b_m s^m + b_{m-1}s^{m-1} + \cdots + b_1 s + b_0}{a_n s^n + a_{n-1}s^{n-1} + \cdots a_1 s + a_0}$,MATLAB 提供了
函数 residue 来实现部分分式法求解拉普拉斯反变换。函数的调用格式为:

[r, p, k] = residue(num, den)

其中,num,den 分别为象函数 $F(s)$ 的分子多项式和分母多项式的系数向量,返回值 r 为部分分式的系数,p 为象函数 $F(s)$ 的极点,k 为多项式的系数,当象函数 $F(s)$ 为真分式时,k 为空。

【例 6-19】 求象函数 $F(s) = \dfrac{s-1}{s^2 + 3s + 2}$ 的原函数。

解

```
b = [1 -1];
a = [1 3 2];
[r, p, k] = residue(b,a)
```

运行得到的结果为：

r = 3 -2, p = -2 -1, k = [ ]

由此可写出象函数的展开式为

$$F(s) = \frac{3}{s+2} + \frac{-2}{s+1}$$

所以，原函数为 $f(t) = (3e^{-2t} - 2e^{-t})u(t)$。

【例 6-20】 求象函数 $F(s) = \dfrac{s^3 + 4s^2 + 6}{s^2 + 3s + 2}$ 的原函数。

解

```
b = [1 4 0 6];
a = [1 3 2];
[r, p, k] = residue(b,a)
```

运行得到的结果为：

r = -14 9, p = -2   -1, k = 1   1

由此得到展开式为

$$F(s) = s + 1 + \frac{-14}{s+2} + \frac{9}{s+1}$$

所以，原函数为 $f(t) = \delta'(t) + \delta(t) + (-14e^{-2t} + 9e^{-t})u(t)$。

6.4.2 系统的 s 域分析

1) 系统函数的零、极点(zero、pole point)

一般说来，系统函数可表示为一个有理分式的形式，如 $H(s) = \dfrac{N(s)}{D(s)}$。则系统函数的零、极点求解可以按照定义分别求出，即使 $N(s) = 0$ 的点称为系统函数的零点，使 $D(s) = 0$ 的点称为系统函数的极点。MATLAB 中提供了求解多项式的根的函数 roots。

如系统函数 $H(s) = \dfrac{s-1}{s^2 + 3s + 2}$，则 $N(s) = s - 1, D(s) = s^2 + 3s + 2$，用 MATLAB 语句实现为：

```
N = [1 -1];                    %N 为分子多项式的系数向量
D = [1 3 2];                   %D 为分母多项式的系数向量
z = roots(N)                   %零点
p = roots(D)                   %极点
```

运行结果为：

z = 1

p = -2 -1

借助 plot 函数还可以绘制出系统的零极点图,如图 6-8(a)所示。

MATLAB 提供了函数 pzmap 可直接得到系统函数的零、极点图。函数的调用格式为:

pzmap(sys)

其中,sys 表示连续 LTI 系统的系统模型。sys = tf(b,a),b、a 分别为系统函数的分子多项式系数向量和分母多项式系数向量。上例可用程序表示为:

```
N = [1 -1];
D = [1 3 2];
sys = tf(N,D);
pzmap(sys)
```

得到的系统函数的零、极点图见 6-8(b)所示。

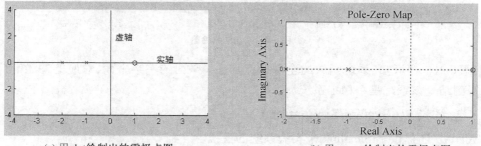

(a) 用plot绘制出的零极点图　　　　(b) 用pzmap绘制出的零极点图

图 6-8　两种方法得到的系统函数的零、极点图

结合之前介绍过的冲激响应和系统的频率响应的 MATLAB 分析,可判断系统的稳定性。

【例 6-21】　已知某系统的系统函数为

$$H(s) = \frac{2s + 3}{s^3 + 4s^2 + 5s + 6}$$

试画出该系统函数的零极点图,并试求出系统的冲激响应 $h(t)$ 和系统的频率响应 $H(j\omega)$,判断系统的稳定性。

解　编写程序如下:

```
N = [2 3];
D = [1 4 5 6];
sys = tf(N,D);
subplot(131),
pzmap(sys)
subplot(132),
impulse(N,D)
subplot(133),
[H,w] = freqs(N,D);
plot(w,abs(H))
xlabel('Frequency')
title('Magnitude Respone')
```

运行程序后得到图 6-9 所示的图形。

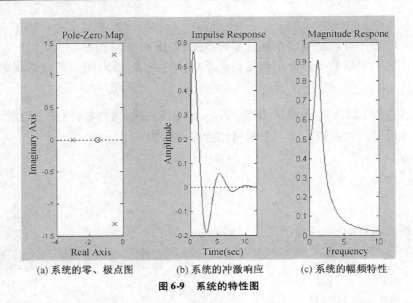

(a) 系统的零、极点图　　　(b) 系统的冲激响应　　　(c) 系统的幅频特性

图 6-9　系统的特性图

　　如图 6-10（a）可知，系统函数的全部极点均在 s 平面的左半平面，对应的冲激响应是衰减的，得到结论该系统是个稳定系统。

2）系统模拟（System Simulation）

MATLAB 还提供了 Simulink 来实现系统的模拟。

【例 6-22】　已知系统的系统函数 $H(s) = \dfrac{2s+1}{s^2+5s+6}$，试求系统的阶跃响应。

解

方法一　借助阶跃响应函数 step 来实现，运行结果图见 6-10（a）所示。

$b = [2,1]; a = [1\ 5\ 6];$
$step(b,a)$

方法二　用 Simulink 来实现系统的模拟，仿真模拟图如 6-10 所示。

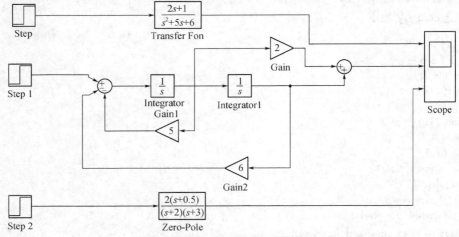

图 6-10　Simulink 实现系统的模拟

图 6-10 中给出了三种系统模拟的方式,可以通过传输函数、积分器等模块、零极点来实现系统的模拟,通过该系统模拟得到的系统的阶跃响应图形见图 6-11(b)所示。

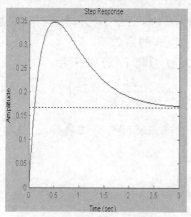

(a) 用 step 函数求出的阶跃响应

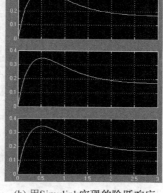

(b) 用 Simulink 实现的阶跃响应

图 6-11   仿真后的运行结果

6.5   基于 MATLAB 的离散信号与系统的 Z 域分析

6.5.1   离散信号(discrete time signal)的 Z 变换

与拉普拉斯变换类似,MATLAB 提供了函数 ztrans 和 iztrans 来实现离散信号的 Z 域正变换和逆变换。

1)Z 域正变换

ztrans 函数的调用格式如下:

F = ztrans (f)
F = ztrans (f, w)
F = ztrans (f, k, w)

2)Z 域逆变换

ztrans 函数的调用格式如下:

f = iztrans (F)
f = iztrans (F, k)
f = iztrans (F, w, k)

3)部分分式(partial fraction expansion)法求 Z 反变换

信号在 Z 域的表示式通常可用有理分式形式表示:

$$F(z) = \frac{N(z)}{D(z)} = \frac{b_0 + b_1 z^{-1} + \cdots + b_m z^{-m}}{a_0 + a_1 z^{-1} + \cdots + a_n z^{-n}}$$

MATLAB 提供了函数 residuez 来对 $F(z)$ 进行部分分式展开,从而求得 $F(z)$ 的 Z 反变换。该函数的调用格式为：

$$[r, p, k] = residuez(b, a)$$

其中，$b = [b_0, b_1, \cdots, b_m]$、$a = [a_0, a_1, \cdots, a_n]$ 分别为 $F(z)$ 的分子、分母多项式的系数向量，得到的返回值 r 为部分分式的系数，p 为极点，k 为多项式的系数。

若 $F(z)$ 为真分式，则 k 为空。即借助 residuez 函数将 $F(z)$ 展开为

$$F(z) = \frac{N(z)}{D(z)} = \frac{r(1)}{1 - p(1)z^{-1}} + \frac{r(2)}{1 - p(2)z^{-1}} + \cdots + \frac{r(n)}{1 - p(n)z^{-1}} + k(1) + k(2)z^{-1} + \cdots$$

【例 6-23】 已知 $F(z) = \dfrac{1}{(1 - z^{-1})(1 - 2z^{-1})}$，试求其部分分式展开。

解 MATLAB 程序为：

```
b = [1];
a = conv([1 -1], [1 -2]);
[r, p, k] = residuez(b, a)
```

运行结果为：

$$r = 2 \ -1; p = 2 \ 1; k = [];$$

根据结果得到部分分式的展开式为

$$F(z) = \frac{2}{1 - 2z^{-1}} + \frac{-1}{1 - z^{-1}}$$

6.5.2 离散系统的 Z 域分析

1）系统函数的零、极点

一般说来，系统函数可表示为一个有理分式的形式

$$H(z) = \frac{N(z)}{D(z)} = \frac{b_0 + b_1 z^{-1} + \cdots + b_m z^{-m}}{a_0 + a_1 z^{-1} + \cdots + a_n z^{-n}}$$

求系统函数的零极点可以借助函数 roots 来实现，方法类似于连续系统的系统函数零、极点求解。除此之外，MATLAB 还提供了函数 tf2zp 来求解，其函数的调用格式为：

$$[z, p, k] = tf2zp(b, a)$$

其中，b、a 分别为系统函数的分子多项式和分母多项式的系数向量。z 为零点，p 为极点，k 为增益系数。系统函数转换为

$$H(z) = \frac{N(z)}{D(z)} = k\frac{[z - z(1)][z - z(2)] \cdots [z - z(m)]}{[z - p(1)][z - p(2)] \cdots [z - p(n)]}$$

MATLAB 还提供了函数 zplane 直接得到系统函数的零极点分布图，其调用格式为：

```
zplane(b, a)
```

【例 6-24】 已知某离散系统的系统函数 $H(z) = \dfrac{2z + 3}{3z^3 + 2z + 1}$，试用 MATLAB 求出该系统的零极点，并画出零极点分布图。

解 方法一

```
b = [ 2 3];
a = [ 3 0 2 1];                              %"0"不可少。它代表了 z² 项的系数为 0。
z = roots( b)                                           %求零点
p = roots( a)                                           %求极点
```

运行结果：

$z = -1.5000 \quad p = 0.2012 + 0.8877i, \quad 0.2012 - 0.8877i, \quad -0.4023$

方法二 函数 tf2zp 的调用：

```
b = [ 2   3];
a = [ 3   0   2   1];                        %"0"不可少。它代表了 z² 项的系数为 0。
[ z,p,k] = tf2zp( b,a)
```

运行结果：

$z = -1.5000 \quad p = 0.2012 + 0.8877i, \quad 0.2012 - 0.8877i, \quad -0.4023 \quad k = 0.6667$

画零极点图可调用函数 zplane

```
b = [ 2   3];
a = [ 3   0   2   1];
zplane( b, a)
```

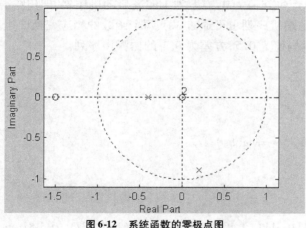

图 6-12 系统函数的零极点图

2）系统函数的零极点分布的应用

与连续系统的分析一样，离散系统可根据系统函数 $H(z)$ 的零极点分布来判断系统的稳定性、可分析系统单位响应的时域特性。

【例 6-25】 已知某离散系统的系统函数 $H(z) = \dfrac{2z+3}{3z^3+2z+1}$，试分析该系统的单位响应，并判断该系统的稳定性。

解 首先可借助函数 impz 来求得系统的单位响应，如图 6-13 所示。

```
b = [ 2   3];
```

```
a = [ 3   0   2   1 ] ;
impz ( b , a )
```

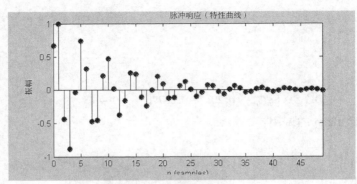

图 6-13   系统的单位响应

系统的单位响应是呈衰减趋势的,从图 6-13 的系统函数的零极点分布图可以看出,系统函数的所有极点均在单位圆内,因此判断得出该系统是稳定系统。

随机序列在 MATLAB 仿真分析中应用较多,常常用来模拟背景噪声。有两个函数可直接产生两类随机序列:

(1) rand$(1,N)$ 产生 $[0,1]$ 上均匀分布的随机序列;

(2) randn$(1,N)$ 产生均值为 0,方差为 1 的高斯随机序列,即白噪声序列。

当然,其他分布的随机序列也可通过以上两个函数的相应变换产生。

【例 6-26】   产生均值为 0.5,方差为 0.1 的白噪声序列。

解

```
N = 10 ;
mean_v = 0.5 ;
var_v = 0.1 ;
x = mean_v + sqrt ( var_v ) * randn ( 1 , N ) ;
disp ( x )
```

运行结果为:

```
x =
    0.4410   0.7295   0.3140   1.1904   0.4569   0.5360   0.8373   0.5187   0.4698   0.2368
```

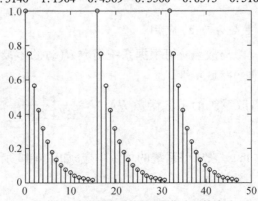

图 6-14   实指数序列扩展为周期序列的波形

思考与练习

1. 利用 MATLAB 实现下列信号。

（1）$f(t) = u(t) - 2u(t-2) + u(t-3)$　　　　（2）$f(t) = e^{-2t} - e^{-3t}$

（3）$f(t) = Sa(\pi t) \cdot \cos(10t)$　　　　　　（4）$f(k) = u(k+2) - u(k-3)$

（5）$f(k) = (0.2)^k \cdot u(k)$　　　　　　　　（6）$f(k) = \cos(0.9\pi k) \cdot 2^k$

2. 已知 $f(t)$ 的波形如图 6-15，试用 MATLAB 求出信号 $f(t)$ 的表达式，并画出 $f(t)$、$f(-t)$、$f(-2t)$ 以及 $f(-2t+3)$ 的波形图。

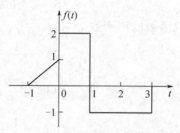

图 6-15　信号的波形图

3. 画出离散正弦序列 $\cos(\omega_0 n)$ 的波形图，其中取 $\omega_0 = 0.1\pi$，$\omega_0 = 0.5\pi$，$\omega_0 = 0.9\pi$，$\omega_0 = \pi$。

4. 判断下列正弦序列是否是周期信号。

（1）对 $\sin(4\pi t)$ 以抽样频率 $f_s = 3$ Hz 进行抽样所得序列 $f_1(n)$；

（2）对 $\sin(6t)$ 以抽样频率 $f_s = 5$ Hz 进行抽样所得序列 $f_2(n)$。

5. 借助 MATLAB 的 help 文件熟悉信号产生函数：square（周期方波）、sawtooth（周期锯齿波）、tripuls（三角波）的使用。

6. 实现连续信号卷积算法的编写；运用算法计算当 $f(t) = h(t) = u(t) - u(t-2)$ 时，$y(t) = f(t) * h(t)$，并画出 $f(t)$、$h(t)$ 和 $y(t)$ 的波形图。

7. 试用 MATLAB 合成图 6-16 的周期锯齿波，其中 $T = 2$ s，$A = 1$。

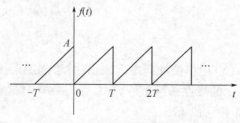

图 6-16　信号的波形图

8. 借助 help 文件学习 fft 函数和 ifft 函数，求得信号的频谱。

9. 设计编写算法实现信号的抽样与重构。选取信号 $f(t) = Sa(t)$：当采用下列抽样间隔时，得到抽样后的信号波形图、由该抽样信号恢复的信号，并计算恢复后的信号与原信号的误差。

（1）抽样间隔 $T_s = 0.5\pi$；

（2）抽样间隔 $T_s = 1.5\pi$。

10. 已知信号 $f(t) = 2\cos(3t) + 5\cos(50t)$ 通过频率特性为 $H(j\omega)$ 的系统，试问系统的输出有何特点？系统的作用是什么？

（1）$H(j\omega) = \dfrac{j\omega}{j\omega + 25}$；（2）$H(j\omega) = \dfrac{10}{j\omega + 10}$。

11. 试用 laplace 函数求下列信号的象函数。

（1）$e^{-2t} + 2$ （2）$\delta(t) + e^{-t}$

（3）$e^{-t}\cos t$ （4）$\sin t + 2\cos t$

（5）$1 - e^{-t}$ （6）$e^{-t}\sin 2t$

12. 用多种方法求出下列象函数的原函数。

（1）$\dfrac{2}{s+2}$ （2）$\dfrac{1}{s(s+1)}$

（3）$\dfrac{2s+3}{s^2 + 4s + 3}$ （4）$\dfrac{s^2 + 2}{s^2 + 1}$

（5）$\dfrac{e^{-s}}{s(s+1)}$ （6）$\dfrac{1}{(s+3)^2}$

13. 已知某线性系统的微分方程为 $y''(t) + 5y'(t) + 6y(t) = 2f'(t) + f(t)$，当 $y(0_-) = 1$，$y'(0_-) = 1$，$f(t) = e^{-t}\varepsilon(t)$，试用 MATLAB 求得系统的零输入响应 $y_{zi}(t)$、零状态响应 $y_{zs}(t)$ 和全响应 $y(t)$，并画出相应的波形图。

14. 已知系统函数 $H(s) = \dfrac{s(s+2)}{s^2 + 4s + 3}$，试用多种方法求解系统的阶跃响应和冲激响应并画出相应的波形图。

15. 已知某系统函数 $H(s) = \dfrac{2s+3}{s^3 + 4s^2 + 5s + 6}$，试画出该系统的零极点分布图，求解出冲激响应，系统的频率响应，并判断系统的稳定性。

16. 试求出下列信号的 Z 变换。

（1）$(n+1)u(n)$ （2）$\cos(3n)u(n)$

（3）$\left(\dfrac{1}{2}\right)^n u(n)$ （4）$e^{-2n}u(n)$

17. 将单位阶跃序列 $u(5)$ 用单位抽样序列表示，并绘制图形。

18. 生成一个长度为 2 s 的线性扫频信号，要求信号在 0 时刻频率为 100 Hz，在 1 s 时刻信号频率为 300 Hz，采样频率为 12 kHz。

19. 生成一个矩形脉冲序列，要求重复频率为 3 Hz，脉冲宽度为 0.2 s，信号总长度为 2 s，采样频率为 1 kHz。

MATLAB 在拟合与插值中的应用

本章重点及要求：

在大量的应用领域中，人们经常面临用一个解析函数描述数据（通常是测量值）的任务，比如在土木工程中对实验梁的应力应变(σ-ε)曲线的数据进行拟合，从而得出钢筋混凝土的弹性模量的计算式。通过本章的学习，可解决以上问题。在这里讨论的方法是曲线拟合与插值。其中包括曲线拟合，一维插值，二维插值以及如何解决插值中求值时的单调性问题。

7.1　曲线拟合

曲线拟合涉及两个基本问题：最佳拟合意味着什么？应该用什么样的曲线？可用许多不同的方法定义最佳拟合，并存在无穷数目的曲线。我们将最佳拟合解释为在数据点的最小误差平方和，且所用的曲线限定为多项式时，那么曲线拟合是相当简捷的。先看看图 7-1。

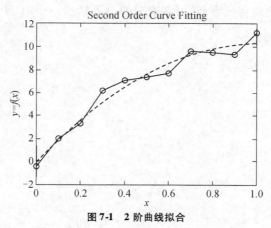

图 7-1　2 阶曲线拟合

在 MATLAB 中，可用函数 polyfit 求解最小二乘法曲线拟合问题。简单阐述这个函数的用法，我们以上面图 7-1 中的数据为例。

```
>> x = [0 .1 .2 .3 .4 .5 .6 .7 .8 .9 1];
>> y = [ -0.447  1.978  3.28  6.16  7.08  7.34  7.66  9.56  9.48  9.30  11.2];
```

为了应用 polyfit 函数,我们必须给函数赋予上面的数据和我们希望最佳拟合数据的多项式的阶次或度。如果我们选择 $n = 1$ 作为阶次,得到最简单的线性近似。通常称为线性回归。如果我们选择 $n = 2$ 作为阶次,得到一个 2 阶多项式。

```
>> n = 2;                                          % polynomial order
>> p = polyfit(x, y, n)
p =
    -9.8108   20.1293   -0.0317
```

polyfit 的输出是一个多项式系数的行向量。其解是 $y = -9.8108x^2 + 20.1293x - 0.0317$。为了将曲线拟合解与数据点比较,把二者都绘成图。

```
>> xi = linspace(0, 1, 100);                       % x - axis data for plotting
>> z = polyval(p, xi);
```

为了计算在 xi 数据点的多项式值,调用 MATLAB 的函数 polyval。

```
>> plot(x, y, 'o', x, y, xi, z,':')
```

画出了原始数据 x 和 y,用$'o'$标出该数据点,在数据点之间,再用直线重画原始数据,并用点$':'$线,画出多项式数据 xi 和 z。

```
>> xlabel('x'), ylabel('y = f(x)'), title('Second Order Curve Fitting')
```

将图作标志。这些步骤的结果表示于前面的图 7-1 中。

多项式阶次的选择是有点任意的。两点决定一直线或一阶多项式。三点决定一个平方或 2 阶多项式。按此进行,$n + 1$ 个数据点唯一地确定 n 阶多项式。于是,在上面的情况下,有 11 个数据点,我们可选一个高达 10 阶的多项式。然而,高阶多项式给出很差的数值特性,我们不应选择比所需的阶次高的多项式。此外,随着多项式阶次的提高,近似变得不够光滑,因为较高阶次多项式在变零前,可多次求导。不妨选一个 10 阶多项式

```
>> pp = polyfit(x, y, 10);
>> format short e
>> pp.'
```

则

```
ans =
    -4.6436e+005
     2.2965e+006
    -4.8773e+006
     5.8233e+006
    -4.2948e+006
     2.0211e+006
    -6.0322e+005
     1.0896e+005
    -1.0626e+004
     4.3599e+002
    -4.4700e-001
```

要注意在现在情况下,多项式系数的规模与前面的 2 阶拟合的比较。还要注意在最小

（ $-4.4700e-001$ ）和最大（ $5.8233e+006$ ）系数之间有 7 个数量级的幅度差。将这个解作图，并把此图与原始数据及 2 阶曲线拟合相比较。

```
>> zz = polyval( pp, xi);
>> plot( x, y, 'o', xi, z, ':', xi, zz)
>> xlabel('x'), ylabel('y = f(x)'), title('2nd and 10th Order curve Fitting')
```

在下面的图 7-2 中，原始数据标以'o', 2 阶曲线拟合是虚线，10 阶拟合是实线。注意，在 10 阶拟合中，在左边和右边的极值处，数据点之间出现大的纹波。当进行高阶曲线拟合时，这种纹波现象经常发生。根据图 7-2，显然，"越多就越好"在这里不适用。

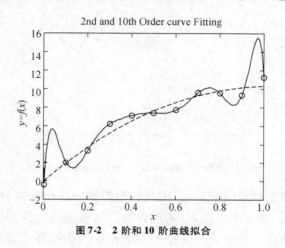

图 7-2　2 阶和 10 阶曲线拟合

7.2　一维插值

正如曲线拟合所描述的那样，插值定义为对数据点之间函数的估值方法，这些数据点是由某些集合给定。当我们不能很快地求出所需中间点的函数值时，插值是一个有价值的工具。例如，当数据点是某些实验测量的结果或是过长的计算过程时，就有这种情况。

举例一维插值，在 12 小时内，每小时对室外温度进行一次测量，并将数据保存在两个 MATLAB 变量中。

```
>> hours = 1:12;                                    % index for hour data was recorded
>> temps = [5  8  9  15  25  29  31  30  22  25  27  24];    % recorded temperatures
>> plot( hours, temps, hours, temps, '+')          % view temperatures
>> title('Temperature')
>> xlabel('Hour'), ylabel('Degrees Celsius')
```

正如图 7-3 看到的，MATLAB 画出了数据点线性插值的直线。为了计算在任意给定时间的温度，可试着对可视的图作解释。另外一种方法，可用函数 interp1。

```
>> t = interp1( hours, temps, 9.3)                 % estimate temperature at hour = 9.3
t =
    22.9000
>> t = interp1( hours, temps, 4.7)                 % estimate temperature at hour = 4.7
```

```
t =
    22
>> t = interp1(hours, temps, [3.2 6.5 7.1 11.7])          % find temp at many points!
t =
    10.2000
    30.0000
    30.9000
    24.9000
```

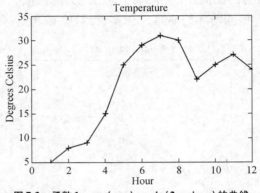

图 7-3 函数 $1 - \exp(-x).*\sin(2*pi*x)$ 的曲线

若不采用直线连接数据点,我们可采用某些更光滑的曲线来拟合数据点。最常用的方法是用一个 3 阶多项式,即 3 次多项式,来对相继数据点之间的各段建模,每个 3 次多项式的头两个导数与该数据点一致。这种类型的插值被称为 3 次样条或简称为样条。函数 interp1 也能执行 3 次样条插值。(这在工程中经常用到)

```
>> t = interp1(hours, temps, 9.3, 'spline')          % estimate temperature at hour = 9.3
t =
    21.8577
>> t = interp1(hours, temps, 4.7, 'spline')          % estimate temperature at hour = 4.7
t =
    22.3143
>> t = interp1(hours, temps, [3.2 6.5 7.1 11.7], 'spline')
t =
    9.6734
    30.0427
    31.1755
    25.3820
```

样条插值得到的结果,与上面所示的线性插值的结果不同。因为插值是一个估计或猜测的过程,其意义在于,应用不同的估计规则导致不同的结果。

一个最常用的样条插值是对数据平滑。也就是,给定一组数据,使用样条插值在更细的间隔求值。例如:

```
>> h = 1:0.1:12;                                      % estimate temperature every 1/10 hour
>> t = interp1(hours, temps, h, 'spline');
>> plot(hours, temps, '-', hours, temps, '+', h, t)  % plot comparative results
```

```
>> title('Springfield Temperature')
>> xlabel('Hour'), ylabel('Degrees Celsius')
```

在图7-4中,虚线是线性插值,实线是平滑的样条插值,标有'+'的是原始数据。如要求在时间轴上有更细的分辨率,并使用样条插值,我们有一个更平滑、但不一定更精确地对温度的估计。尤其应注意,在数据点,样条解的斜率不突然改变。作为这个平滑插值的回报,3次样条插值要求更大量的计算,因为必须找到3次多项式以描述给定数据之间的特征。

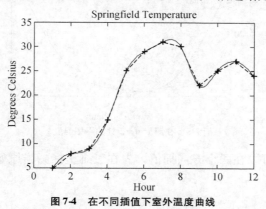

图7-4　在不同插值下室外温度曲线

7.3　二维插值

二维插值是基于与一维插值同样的基本思想。然而,正如名字所隐含的,二维插值是对两变量的函数 $z = f(x, y)$ 进行插值(比如钢筋混凝土实验中的正应力和剪应力都对挠度产生影响)。这里依然考虑温度问题。假设人们对平板上的温度分布估计感兴趣,给定的温度值取自平板表面均匀分布的格栅。

采集了下列的数据:

```
>> width = 1:5;                                    % index for width of plate (i.e., the x-dimension)
>> depth = 1:3;                                    % index for depth of plate (i,e,, the y-dimension)
>> temps = [82  81  80  82  84; 79  63  61  65  81; 84  84  82  85  86] % temperature data
temps =
        82   81   80   82   84
        79   63   61   65   81
        84   84   82   85   86
```

如同在标引点上测量一样,矩阵 temps 表示整个平板的温度分布。temps 的列与下标 depth 或 y-维相联系,行与下标 width 或 x-维相联系(见图7-5)。为了估计在中间点的温度,我们必须对它们进行辨识。

```
>> wi = 1:0.2:5;                                   % estimate across width of plate
>> d = 2;                                          % at a depth of 2
>> zlinear = interp2(width, depth, temps, wi, d);  % linear interpolation
>> zcubic = interp2(width, depth, temps, wi, d, 'cubic');  % cubic interpolation
>> plot(wi, zlinear, '-', wi, zcubic)             % plot results
```

```
>> xlabel('Width of Plate'), ylabel('Degrees Celsius')
>> title(['Temperature at Depth = 'num2str(d)])
```

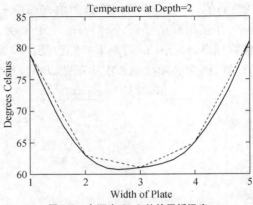

图 7-5　在深度 d = 2 处的平板温度

另一种方法,我们可以在两个方向插值。先在三维坐标画出原始数据,看一下该数据的粗糙程度(见图 7-6)。

```
>> mesh(width, depth, temps)                               % use mesh plot
>> xlabel('Width of Plate'), ylabel('Depth of Plate')
>> zlabel('Degrees Celsius'), axis('ij'), grid
```

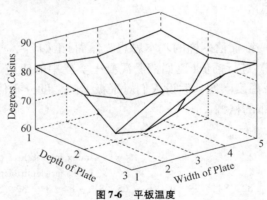

图 7-6　平板温度

然后在两个方向上插值,以平滑数据。

```
>> di = 1:0.2:3;                               % choose higher resolution for depth
>> wi = 1:0.2:5;                               % choose higher resolution for width
>> zcubic = interp2(width, depth, temps, wi, di, 'cubic');          % cubic
>> mesh(wi, di, zcubic)
>> xlabel('Width of Plate'), ylabel('Depth of Plate')
>> zlabel('Degrees Celsius'), axis('ij'), grid
```

该例子清楚地证明了,二维插值更为复杂,只是因为有更多的量要保持跟踪。interp2 的基本形式是 interp2(x, y, z, xi, yi, method)。这里 x 和 y 是两个独立变量,z 是一个应变量矩阵。x 和 y 对 z 的关系是

z(i, :) = f(x, y(i)) 和 z(:, j) = f(x(j), y).

　　也就是,当 x 变化时,z 的第 i 行与 y 的第 i 个元素 $y(i)$ 相关,当 y 变化时,z 的第 j 列与 x 的第 j 个元素 $x(j)$ 相关。xi 是沿 x-轴插值的一个数值数组;yi 是沿 y-轴插值的一个数值数组。

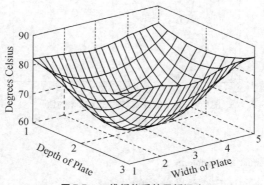

图 7-7　二维插值后的平板温度

　　虽然对于许多应用,函数 interp1 和 interp2 是很有用的,但它们限制为对单调向量进行插值。在某些情况,这个限制太严格。例如,考虑下面的插值:

〉〉x = linspace(0, 5);
〉〉y = 1 − exp(− x). ∗ sin(2 ∗ pi ∗ x);
〉〉plot(x, y)

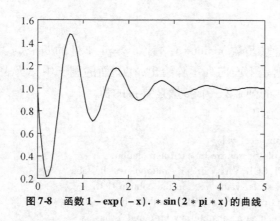

图 7-8　函数 $1 − \exp(− x). ∗ \sin(2 ∗ pi ∗ x)$ 的曲线

函数 interp1 可用来在任何值或 x 的值上估计 y 值。

〉〉yi = interp1(x, y, 1.8)
yi =
　　1.1556

　　然而,interp1 不能找出对应于某些 y 值的 x 值。例如,如图 7-8 所示,考虑寻找 $y = 1.1$ 处的 x 值:

〉〉plot(x, y, [0, 5], [1.1 1.1])

从图 7-9 上,我们看到有四个交点。使用 interp1,我们得到:

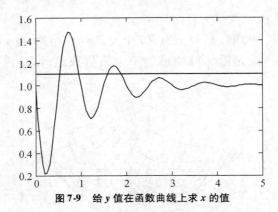

图 7-9   给 y 值在函数曲线上求 x 的值

```
>> xi = interp1(y, x, 1.1)
??? Error using⇒ table1
First column of the table must be monotonic.
```

这个函数 interp1 失败,由于 y 不是单调的。

我们可以用线性插值来消除单调性:

```
>> table = [x; y].';                        % create column oriented table from data
>> xi = mminterp(table, 2, 1.1)
xi =
    0.5281    1.1000
    0.9580    1.1000
    1.5825    1.1000
    1.8847    1.1000
```

这里使用了线性插值,函数 mminterp 估计了 $y = 1.1$ 处的四个点。由于函数 mminterp 的一般性质,要插值的数据是由面向列矩阵给出,在上面的例子中称为表(table)。第二个输入参量是被搜索矩阵 table 的列,第三个参量是要找的值。

函数的主体由下面给出:

```
function y = mminterp(tab, col, val)
% MMINTERP 1 – D Table Search by Linear Interpolation.
% Y = MMINTERP(TAB,COL,VAL) linearly interpolates the table
% TAB searching for the scalar value VAL in the column COL.
% All crossings are found and TAB(:,COL) need not be monotonic.
% Each crossing is returned as a separate row in Y and Y has as
% many columns as TAB. Naturally,the column COL of Y contains
% the value VAL. If VAL is not found in the table,Y = [ ].

[rt, ct] = size(tab);
if length(val) > 1, error('VAL must be a scalar.'), end
if col > ct|col < 1, error('Chosen column outside table width.'), end
if rt < 2, error('Table too small or not oriented in columns.'), end

above = tab(:, col) > val;                              % True where > VAL
below = tab(:, col) < val;                              % True where < VAL
equal = tab(:, col) = = val;                            % True where = VAL
```

```
if all( above = = 0 ) | all( below = = 0 ),                      % handle simplest case
    y = tab( find( equal ) , : ) ; return
end
pslope = find( below( 1 : rt − 1 )&above( 2 : rt ) ) ;           % indices where slope is +
nslope = find( below( 2 : rt )&above( 1 : rt − 1 ) ) ;          % indices where slope is −

ib = sort( [ pslope ; nslope + 1 ] ) ;                          % put indices below in order
ia = sort( [ nslope ; pslope + 1 ] ) ;                          % put indices above in order
ie = find( equal ) ;                                            % indices where equal to val

[ tmp , ix ] = sort( [ ib , ie ] ) ;                           % find where equals fit in result
ieq = ix > length( ib ) ;                                       % True where equals values fit
ry = length( tmp ) ;                                            % # of rows in result y

y = zeros( ry , ct ) ;                                          % poke data into a zero matrix

alpha = ( val − tab( ib , col ) ) . / ( tab( ia , col ) − tab( ib , col ) ) ;
alpha = alpha( : , ones( 1 , ct ) ) ;                           % duplicate for all columns
y( ~ ieq , : ) = alpha . * tab( ia , : ) + ( 1 − alpha ) . * tab( ib , : ) ;   % interpolated values

y( ieq , : ) = tab( ie , : ) ;                                  % equal values
y( : , col ) = val * ones( ry , 1 ) ;                           % remove roundoff error
```

正如所见的,mminterp 利用了 find 和 sort 函数、逻辑数组和数组操作技术。没有 For 循环和 While 循环。不论用其中哪一种技术来实现将使运行变慢,尤其对大的表。mminterp 与含有大于或等于 2 的任意数列的表一起工作,如同函数 interp1 一样。而且,在这种情况下,插值变量可以是任意的列。例如,

```
>> z = sin( pi * x ) ;                                          % add more data to table
>> table = [ x ; y ; z ] . ' ;
>> t = mminterp( table , 2 , 1.1 )                              % same interpolation as earlier
t =
    0.5281   1.1000    0.9930
    0.9580   1.1000    0.1314
    1.5825   1.1000   −0.9639
    1.8847   1.1000   −0.3533
>> t = mminterp( table , 3 , − .5 )                             % second third column now
t =
    1.1669   0.7316   −0.5000
    1.8329   1.1377   −0.5000
    3.1671   0.9639   −0.5000
    3.8331   1.0187   −0.5000
```

这些最后的结果估计了 x 和 y 在 $z = -0.5$ 处的值。

本章小结

曲线的插值和拟合是一个很复杂的工作,但在 MATLAB 中能由几句轻松的命令来实现,

为工程技术人员和科研工作者带来极大的方便,让人不禁感叹它的强大,实为工科学生必备之工具。

下面的表总结了在 MATLAB 中所具有的曲线拟合和插值函数。可供同学们参考。

表 7-1   帮助命令功能表

曲线拟合和插值函数	
polyfit(x, y, n)	对描述 n 阶多项式 $y = f(x)$ 的数据进行最小二乘曲线拟合
interp1(x, y, xo)	1 维线性插值
interp1(x, y, xo, 'spline')	1 维 3 次样条插值
interp1(x, y, xo, 'cubic')	1 维 3 次插值
interp2(x, y, Z, xi, yi)	2 维线性插值
interp2(x, y, Z, xi, yi, 'cubic')	2 维 3 次插值
interp2(x, y, Z, xi, yi, 'nearest')	2 维最近邻插值

MATLAB 在数字图像处理中的应用

本章重点及要求：

通过本章的学习，了解数字图像处理的发展现状及其应用优势，掌握 MATLAB 在图像处理方面的强大功能及其工具箱，然后结合实例细致掌握图像处理各个层面的应用。

众所周知，MATLAB 在数值计算、数据处理、自动控制、图像、信号处理、神经网络、优化计算、模糊逻辑、小波分析等众多领域有着广泛的用途，特别是 MATLAB 的图像处理和分析工具箱支持索引图像、RGB 图像、灰度图像、二进制图像，并能操作 * . bmp、* . jpg、* . tif 等多种图像格式文件。如果能灵活地运用 MATLAB 提供的图像处理分析函数及工具箱，会大大简化具体的编程工作，充分体现其在图像处理和分析中的优越性。

8.1 数字图像处理介绍

8.1.1 数字图像处理发展概况

数字图像处理(Digital Image Processing)又称为计算机图像处理，它是指将图像信号转换成数字信号并利用计算机对其进行处理的过程。数字图像处理最早出现于 20 世纪 50 年代，当时的电子计算机已经发展到一定水平，人们开始利用计算机来处理图形和图像信息。数字图像处理作为一门学科大约形成于 20 世纪 60 年代初期。早期的图像处理的目的是改善图像的质量，它以人为对象，以改善人的视觉效果为目的。图像处理中，输入的是质量低的图像，输出的是改善质量后的图像，常用的图像处理方法有图像增强、复原、编码、压缩等。首次获得实际成功应用的是美国喷气推进实验室(JPL)。他们对航天探测器徘徊者 7 号在 1964 年发回的几千张月球照片使用了图像处理技术，如几何校正、灰度变换、去除噪声等方法进行处理，并考虑了太阳位置和月球环境的影响，由计算机成功地绘制出月球表面地图，获得了巨大的成功。随后又对探测飞船发回的近十万张照片进行更为复杂的图像处理，获得了月球的地形图、彩色图及全景镶嵌图，取得了非凡的成果，为人类登月创举奠定了坚实的基础，也推动了数字图像处理这门学科的诞生。在以后的宇航空间技术，如对火星、土星等星球的探测研究中，数字图像处理技术都发挥了巨大的作用。数字图像处理取得的另一个巨大成就是在医学上获得的成果。1972 年，英国 EMI 公司工程师 Housfield 发明了用于头颅诊断的 X 射线计算机断层摄影装置，也就是我们通常所说的 CT(Computer Tomograph)。

CT 的基本方法是根据人的头部截面的投影,经计算机处理来重建截面图像,称为图像重建。1975 年,EMI 公司又成功研制出全身用的 CT 装置,获得了人体各个部位鲜明清晰的断层图像。1979 年,这项无损伤诊断技术获得了诺贝尔奖,说明它对人类作出了划时代的贡献。与此同时,图像处理技术在许多应用领域受到广泛重视并取得了重大的开拓性成就,属于这些领域的有航空航天、生物医学工程、工业检测、机器人视觉、公安司法、军事制导、文化艺术等,使图像处理成为一门引人注目、前景远大的新型学科。随着图像处理技术的深入发展,从 70 年代中期开始,随着计算机技术和人工智能、思维科学研究的迅速发展,数字图像处理向更高、更深层次发展。人们已开始研究如何用计算机系统解释图像,实现类似人类视觉系统理解外部世界,这被称为图像理解或计算机视觉。很多国家,特别是发达国家投入更多的人力、物力到这项研究,取得了不少重要的研究成果。其中代表性的成果是 70 年代末 MIT 的 Marr 提出的视觉计算理论,这个理论成为计算机视觉领域其后十多年的主导思想。图像理解虽然在理论方法研究上已取得不小的进展,但它本身是一个比较难的研究领域,存在不少困难,因人类本身对自己的视觉过程还了解甚少,因此计算机视觉是一个有待人们进一步探索的新领域。

8.1.2　数字图像处理主要研究的内容

数字图像处理主要研究的内容有以下几个方面:

(1)图像变换。由于图像阵列很大,直接在空间域中进行处理,涉及的计算量很大。因此,往往采用各种图像变换的方法,如傅立叶变换、沃尔什变换、离散余弦变换等间接处理技术,将空间域的处理转换为变换域处理,不仅可减少计算量,而且可获得更有效的处理(如傅立叶变换可在频域中进行数字滤波处理)。目前新兴研究的小波变换在时域和频域中都具有良好的局部化特性,它在图像处理中也有着广泛而有效的应用。

(2)图像编码压缩。图像编码压缩技术可减少描述图像的数据量(即比特数),以便节省图像传输、处理时间和减少所占用的存储器容量。压缩可以在不失真的前提下获得,也可以在允许的失真条件下进行。编码是压缩技术中最重要的方法,它在图像处理技术中是发展最早且比较成熟的技术。

(3)图像增强和复原。图像增强和复原的目的是为了提高图像的质量,如去除噪声、提高图像的清晰度等。图像增强不考虑图像降质的原因,突出图像中所感兴趣的部分。如强化图像高频分量,可使图像中物体轮廓清晰,细节明显;如强化低频分量可减少图像中噪声影响。图像复原要求对图像降质的原因有一定的了解,一般应根据降质过程建立"降质模型",再采用某种滤波方法,恢复或重建原来的图像。

(4)图像分割。图像分割是数字图像处理中的关键技术之一。图像分割是将图像中有意义的特征部分提取出来,其有意义的特征有图像中的边缘、区域等,这是进一步进行图像识别、分析和理解的基础。虽然目前已研究出不少边缘提取、区域分割的方法,但还没有一种普遍适用于各种图像的有效方法。因此,对图像分割的研究还在不断深入之中,是目前图像处理中研究的热点之一。

(5)图像描述。图像描述是图像识别和理解的必要前提。作为最简单的二值图像可采用其几何特性描述物体的特性,一般图像的描述方法采用二维形状描述,它有边界描述和区域描述两类方法。对于特殊的纹理图像可采用二维纹理特征描述。随着图像处理研究的深入发展,已经开始进行三维物体描述的研究,提出了体积描述、表面描述、广义圆柱体描述等方法。

(6) 图像分类(识别)。图像分类(识别)属于模式识别的范畴,其主要内容是图像经过某些预处理(增强、复原、压缩)后,进行图像分割和特征提取,从而进行判决分类。图像分类常采用经典的模式识别方法,有统计模式分类和句法(结构)模式分类,近年来新发展起来的模糊模式识别和人工神经网络模式分类在图像识别中也越来越受到重视。

8.1.3 数字图像处理的基本特点

目前,数字图像处理的信息大多是二维信息,处理信息量很大。如一幅 256×256 低分辨率黑白图像,要求约 64 kbit 的数据量;对高分辨率 512×512 彩色图像,则要求 768 kbit 数据量;如果要处理 30 帧/s 的电视图像序列,则每秒要求 500 kbit ~ 22.5 Mbit 数据量。因此对计算机的计算速度、存储容量等要求较高。数字图像处理占用的频带较宽。与语言信息相比,占用的频带要大几个数量级。如电视图像的带宽约 5.6 MHz,而语音带宽仅为 4 kHz 左右。所以在成像、传输、存储、处理、显示等各个环节的实现上,技术难度较大,成本亦高,这就对频带压缩技术提出了更高的要求。

(1) 数字图像中各个像素是不独立的,其相关性大。在图像画面上,经常有很多像素有相同或接近的灰度。就电视画面而言,同一行中相邻两个像素或相邻两行间的像素,其相关系数可达 0.9 以上,而相邻两帧之间的相关性比帧内相关性一般说还要大些。因此,图像处理中信息压缩的潜力很大。

(2) 由于图像是三维景物的二维投影,一幅图像本身不具备复现三维景物的全部几何信息的能力,很显然三维景物背后部分信息在二维图像画面上是反映不出来的。因此,要分析和理解三维景物必须作合适的假定或附加新的测量,例如双目图像或多视点图像。在理解三维景物时需要知识导引,这也是人工智能中正在致力解决的知识工程问题。

(3) 数字图像处理后的图像一般是给人观察和评价的,因此受人的因素影响较大。由于人的视觉系统很复杂,受环境条件、视觉性能、人的情绪爱好以及知识状况影响很大,作为图像质量的评价还有待进一步深入的研究。另一方面,计算机视觉是模仿人的视觉,人的感知机理必然影响着计算机视觉的研究。例如,什么是感知的初始基元,基元是如何组成的,局部与全局感知的关系,优先敏感的结构、属性和时间特征等,这些都是心理学和神经心理学正在着力研究的课题。

8.1.4 数字图像处理的优点

(1) 再现性好。数字图像处理与模拟图像处理的根本不同在于,它不会因图像的存储、传输或复制等一系列变换操作而导致图像质量的退化。只要图像在数字化时准确地表现了原稿,则数字图像处理过程始终能保持图像的再现。

(2) 处理精度高。按目前的技术,几乎可将一幅模拟图像数字化为任意大小的二维数组,这主要取决于图像数字化设备的能力。现代扫描仪可以把每个像素的灰度等级量化为16 位甚至更高,这意味着图像的数字化精度可以达到满足任一应用需求。对计算机而言,不论数组大小,也不论每个像素的位数多少,其处理程序几乎是一样的。换言之,从原理上讲不论图像的精度有多高,处理总是能实现的,只要在处理时改变程序中的数组参数就可以了。回想一下图像的模拟处理,为了要把处理精度提高一个数量级,就要大幅度地改进处理装置,这在经济上是极不合算的。

(3)适用面宽。图像可以来自多种信息源,它们可以是可见光图像,也可以是不可见的波谱图像(例如 X 射线图像、射线图像、超声波图像或红外图像等)。从图像反映的客观实体尺度看,可以小到电子显微镜图像,大到航空照片、遥感图像甚至天文望远镜图像。这些来自不同信息源的图像只要被变换为数字编码形式后,均是用二维数组表示的灰度图像(彩色图像也是由灰度图像组合成的,例如 RGB 图像由红、绿、蓝三个灰度图像组合而成)组合而成,因而均可用计算机来处理。即要针对不同的图像信息源,采取相应的图像信息采集措施,图像的数字处理方法适用于任何一种图像。

(4)灵活性高。图像处理大体上可分为图像的像质改善、图像分析和图像重建三大部分,每一部分均包含丰富的内容。由于图像的光学处理从原理上讲只能进行线性运算,这极大地限制了光学图像处理能实现的目标。而数字图像处理不仅能完成线性运算,而且能实现非线性处理,即凡是可以用数学公式或逻辑关系来表达的一切运算均可用数字图像处理实现。

8.1.5 数字图像处理的应用

图像是人类获取和交换信息的主要来源,因此,图像处理的应用领域必然涉及人类生活和工作的方方面面。随着人类活动范围的不断扩大,图像处理的应用领域也将随之不断扩大。

(1)航天和航空技术方面的应用。数字图像处理技术在航天和航空技术方面的应用,除了上面介绍的 JPL 对月球、火星照片的处理之外,另一方面的应用是在飞机遥感和卫星遥感技术中。许多国家每天派出很多侦察飞机对地球上有兴趣的地区进行大量的空中摄影。对由此得来的照片进行处理分析,以前需要雇用几千人,而现在改用配备有高级计算机的图像处理系统来判读分析,既节省人力,又加快了速度,还可以从照片中提取人工所不能发现的大量有用情报。从 60 年代末以来,美国及一些国际组织发射了资源遥感卫星(如 LANDSAT 系列)和天空实验室(如 SKYLAB),由于成像条件受飞行器位置、姿态、环境条件等影响,图像质量总不是很高。因此,以如此昂贵的代价进行简单直观的判读来获取图像是不合算的,而必须采用数字图像处理技术。如 LANDSAT 系列陆地卫星,采用多波段扫描器(MSS),在 900 km 高空对地球每一个地区以 18 天为一周期进行扫描成像,其图像分辨率大致相当于地面上十几米或 100 米左右(如 1983 年发射的 LANDSAT-4,分辨率为 30 m)。这些图像在空中先处理(数字化,编码)成数字信号存入磁带中,在卫星经过地面站上空时,再高速传送下来,然后由处理中心分析判读。这些图像无论是在成像、存储、传输过程中,还是在判读分析中,都必须采用很多数字图像处理方法。现在世界各国都在利用陆地卫星所获取的图像进行资源调查(如森林调查、海洋泥沙和渔业调查、水资源调查等),灾害检测(如病虫害检测、水火检测、环境污染检测等),资源勘察(如石油勘查、矿产量探测、大型工程地理位置勘探分析等),农业规划(如土壤营养、水分和农作物生长、产量的估算等),城市规划(如地质结构、水源及环境分析等)。我国也陆续开展了以上诸方面的一些实际应用,并获得了良好的效果。在气象预报和对太空其他星球研究方面,数字图像处理技术也发挥了相当大的作用。

(2)生物医学工程方面的应用。数字图像处理在生物医学工程方面的应用十分广泛,而且很有成效。除了上面介绍的 CT 技术之外,还有一类是对医用显微图像的处理分析,如红细胞、白细胞分类、染色体分析,癌细胞识别等。此外,在 X 光肺部图像增晰、超声波图像处理、心电图分析、立体定向放射治疗等医学诊断方面都广泛地应用图像处理技术。

(3)通信工程方面的应用。当前通信的主要发展方向是声音、文字、图像和数据结合的多媒体通信。具体地讲是将电话、电视和计算机以三网合一的方式在数字通信网上传输。其中以图像通信最为复杂和困难,因图像的数据量十分巨大,如传送彩色电视信号的速率达 100 Mbit/s 以上。要将这样高速率的数据实时传送出去,必须采用编码技术来压缩信息的比特量。在一定意义上讲,编码压缩是这些技术成败的关键。除了已应用较广泛的熵编码、DPCM 编码、变换编码外,目前国内外正在大力开发研究新的编码方法,如分行编码、自适应网络编码、小波变换图像压缩编码等。

(4)工业和工程方面的应用。在工业和工程领域中图像处理技术有着广泛的应用,如自动装配线中检测零件的质量、并对零件进行分类,印刷电路板疵病检查,弹性力学照片的应力分析,流体力学图片的阻力和升力分析,邮政信件的自动分拣,在一些有毒、放射性环境内识别工件及物体的形状和排列状态,先进的设计和制造技术中采用工业视觉等等。其中值得一提的是研制具备视觉、听觉和触觉功能的智能机器人,将会给工农业生产带来新的激励,目前已在工业生产中的喷漆、焊接、装配中得到有效的利用。

(5)军事公安方面的应用。在军事方面图像处理和识别主要用于导弹的精确制导,各种侦察照片的判读,具有图像传输、存储和显示的军事自动化指挥系统,飞机、坦克和军舰模拟训练系统等;公安业务图片的判读分析,指纹识别,人脸鉴别,不完整图片的复原,以及交通监控、事故分析等。目前已投入运行的高速公路不停车自动收费系统中的车辆和车牌的自动识别都是图像处理技术成功应用的例子。

(6)文化艺术方面的应用。目前,这类应用有电视画面的数字编辑,动画的制作,电子图像游戏,纺织工艺品设计,服装设计与制作,发型设计,文物资料照片的复制和修复,运动员动作分析和评分等等,现在已逐渐形成一门新的艺术——计算机美术。

8.2 MATLAB 在图像处理中的应用

MATLAB 提供的图像处理函数,涵盖了图像处理包括近期研究成果在内的几乎所有的技术方法,是学习和研究图像处理的人员难得的宝贵资料和加工工具箱。这些函数按功能可分为图像显示、图像文件 I/O、图像算术运算、几何变换、图像登记、像素值与统计、图像分析、图像增强、线性滤波、线性二元滤波设计、图像去模糊、图像变换、邻域与块处理、灰度与二值图像的形态学运算、结构元素创建与处理、基于边缘的处理、色彩映射表操作、色彩空间变换及图像类型与类型转换。

MATLAB 数字图像处理工具箱函数包括以下几类：

（1）图像显示函数；（2）图像文件输入、输出函数；（3）图像几何操作函数；（4）图像像素值及统计函数；（5）图像分析函数；（6）图像增强函数；（7）线性滤波函数；（8）二维线性滤波器设计函数；（9）图像变换函数；（10）图像邻域及块操作函数；（11）二值图像操作函数；（12）基于区域的图像处理函数；（13）颜色图操作函数；（14）颜色空间转换函数；（15）图像类型和类型转换函数。

8.2.1　常用图像操作

MATLAB 图像处理工具箱支持 4 种图像类型，分别为真彩色图像（RGB）、索引色图像、灰度图像（I）和二值图像（BW）。由于有的函数对图像类型有限制，因此这 4 种类型可以用工具箱的类型转换函数相互转换。MATLAB 可操作的图像文件包括 BMP，HDF，JPEG，PCX，TIFF 和 XWD 等格式。例如，要对一幅索引色图像滤波，首先应该将它转换成真彩色图像或者灰度图像，这时 MATLAB 将会对图像的灰度进行滤波，即通常意义上的滤波。如果不将索引色图像进行转换，MATLAB 则对图像调色板的序号进行滤波，这是没有意义的。

- clear
  z = imread('c:\2.jpg');
  imshow(z)
  imwrite(z,'c:\2.bmp','bmp')

图 8-1

- 函数 im2bw

功能：

将图像转换为二进制图像。

语法：

BW = im2bw(I, level)

$BW = im2bw(X, map, level)$

$BW = im2bw(RGB, level)$

举例：

```
load trees
BW = im2bw(X,map,0.4);
imshow(X,map)
figure, imshow(BW)
```

图 8-2　　　　　　　　　　　　　　　图 8-3

● 将彩色影像转换为黑白影像。

语法：

$I = rgb2gray(RGB)$

说明：这个命令是把 R. G. B 彩色影像转化为黑白的影像。

```
I = imread('c:\2.jpg');
w = rgb2gray(I);
imshow(w)
```

图 8-4

```
BW = roicolor(w,100,300);
imshow(BW)
```

图 8-5

8.2.2　图像文件的读写与显示操作

　　MATLAB 为用户提供了专门的函数,以从图像格式的文件中读写图像数据。imread( )函数用于读入各种图像文件,imwrite( )函数用于输出图像,imfinfo( )函数用于读取图像文件的有关信息。把图像显示于屏幕有 imread( )、image( )等函数。用 subplot( )函数能将一个图像窗口分成几个部分,但同一个图像窗口内只能有一个调色板。subimage 函数可在一个图像窗口内使用多个调色板,使得各种图像能在同一个图像窗口中显示,用 zoom( )函数可实现对图像的缩放。

```
• load mri
  montage(D,map)
```

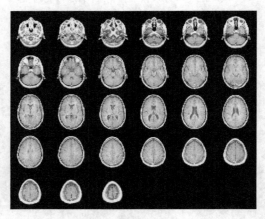

图 8-6

```
 load trees
[X2,map2] = imread('forest. tif');
subplot(1,2,1), subimage(X,map)
subplot(1,2,2), subimage(X2,map2)
```

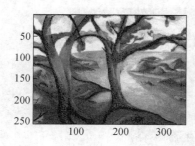 

图 8-7

8.2.3 图像几何操作

● 图像切割。

用 imcrop( ) 函数可剪切图像中的一个矩形子图。

```
clear
W = imread('c:\2.jpg');
i = imcrop(w,[150,50,200,200]);
imshow(i)
```

● 图像旋转。

```
I = imrotate(w, -45,'bilinear');
imshow(I)
```

图 8-8

● 调整大小。

```
B = imresize(A,m,method)
```

可返回一个 M 倍于原图像 A 的图像 B。

●将影像显示在圆柱体和球体上。

cylinder：产生圆柱体

语法：

```
[x,y,z] = cylinder(r,n)
```

说明：r 为一向量,表示圆柱体的半径;n 为环绕圆形所设置的点数;用 surf(x,y,z)产生圆柱的表面。

sphere：产生球形表面

语法：

```
[x,y,z] = sphere(n)
```

图 8-9

说明：

A. 产生 3 个 $(n+1)-by-(n+1)$ 的矩阵,以供圆形表面使用。

B. 如果 n 值没有指定,则认为 n 取 20

```
[x,y,z] = sphere;
w = imread('c:\2.jpg');
warp(x,y,x,w)
```

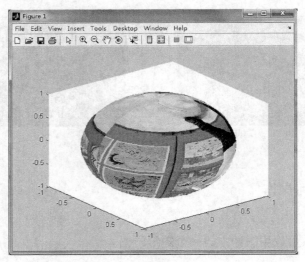

图 8-10

8.3 图像变换功能

在图像处理技术中,图像的(正交)变换技术有着广泛的应用,是图像处理的重要工具。通过变换图像,改变图像的表示域及表示数据,可以给后续工作带来极大的方便。常运用于图像压缩、滤波、编码和后续的特征抽取或信息分析过程。例如,傅立叶变换(Fourier Transform)可使处理分析在频域中进行,使运算简单;而离散余弦变换(Discrete Cosine Transform)可使能量集中在少数数据上,从而实现数据压缩,便于图像传输和存储。

8.3.1 傅立叶变换

在图像处理的广泛应用领域中,傅立叶变换起着非常重要的作用,具体表现在包括图像分析、图像增强及图像压缩等方面。利用计算机进行傅立叶变换的通常形式为离散傅立叶变换,采用这种形式的傅立叶变换有以下两个原因:一是离散傅立叶变换的输入和输出都是离散值,适用于计算机的运算操作;二是采用离散傅立叶变化变换,可以应用快速傅立叶变换来实现,提高运算速度。在 MATLAB 工具箱中,提供了 fft2( )和 ifft2( )函数用于计算二维快速傅立叶变换及其逆变换,fftn( )和 ifftn( )函数用于计算 t 维傅立叶变换和逆变换。

- fft2

功能:

进行二维快速傅里叶变换。

语法:

B = fft2(A)
B = fft2(A,m,n)

举例:

load imdemos saturn2
imshow(saturn2)

图 8-11

B = fftshift(fft2(saturn2)) ;
imshow(log(abs(B)) ,[ ]) , colormap(jet(64)) , colorbar

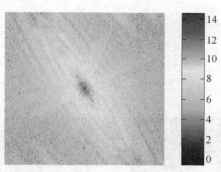

图 8-12

● f = zeros(30 ,30) ;
f(5 :24 ,13 :17) = 1 ;
imshow(f ,'notruesize')
F = fft2(f) ;
F2 = log(abs(F)) ;
figure ,imshow(F2 ,[− 1 5] ,'notruesize') ;
colormap(jet) ; colorbar

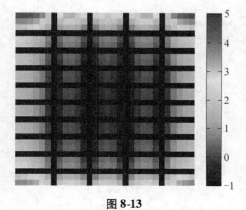

图 8-13

8.3.2 离散余弦变换

在图像处理工具箱中,用 dct2( )和 idct2( )函数实现二维离散余弦变换及逆变换。大多数情况下,DCT(Discrete Cosine Transform)用于压缩图像,JPEG 图像格式就采用了 DCT 算法。在 JPEG 图像压缩算法中,图像被分成 8×8 或者 16×16 的图像块,然后对每个图像块进行 DCT 变换。DCT 变换被量化、编码及传输。在接收端,量化的 DCT 系数被解码,并用来计算每个图像块的逆 DCT 变换,最后把各图像块拼接起来构成一幅图像。对一幅典型的图像而言,许多 DCT 变换的系数近似为 0,把它们去掉并不会明显影响重构图像的质量。

- dct2

功能:

进行二维离散余弦变换。

语法:

B = dct2(A)
B = dct2(A,m,n)
B = dct2(A,[m n])

举例:

RGB = imread('c:\4.jpg');
I = rgb2gray(RGB);
imshow(RGB)
imshow(I)

图 8-14   图 8-15

J = dct2(I);
imshow(log(abs(J)),[]), colormap(jet(64)), colorbar

图 8-16

$J(abs(J) < 10) = 0;$
$K = idct2(J)/255;$
imshow(K)

图 8-17

8.3.3 radon 变换

图像处理工具箱的 radon() 函数用来计算指定方向上图像矩阵的投影,二元函数投影是在某一方向上的线积分。例如,$f(x,y)$ 在垂直方向上的线积分是在 x 方向上的投影,在水平方向上的积分是在 y 方向上的投影。用 iradon() 函数可实现逆 radon 变换,并经常用于投影成像中,这个变换能把 radon 变换反变换回来,因此可以从投影数据重建原始图像。而在大多数应用中,没有所谓的用原始图像来计算投影。例如,X 射线吸收重建,投影是通过测量 X 射线辐射在不同角度通过物理切片时的衰减得到的。原始图像可以认为是通过切面的截面。这里,图像的密度代表切片的密度。投影通过特殊的硬件设备获得,而切片内部图像通过 iradon() 函数重建。这可以用来对活的生物体或者不透明物体实现无损成像。

* imread('c:\4. jpg');
BW = edge(I,'prewitt');
subplot(1,2,1);
imshow(I),title('原图');
subplot(1,2,2);
imshow(BW),title('二值边缘图像');

原图　　　　　　　　　　二值边缘图像

图 8-18

```
theta = 0:179;
[R,xp] = radon(BW,theta);
imagesc(theta,xp, R); coloormap(jet);
xlabel('theta (degrees)');ylabel('x'');
title('theta 方向对应的 Radon 变换 R 随着 x"的变化图');
colorbar
```

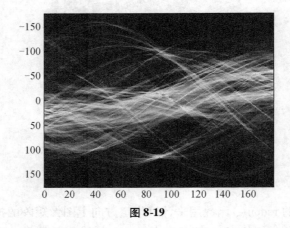

图 8-19

8.3.4　离散小波变换

离散小波变换是对连续小波变换的尺度和位移按照 2 的幂次进行离散化得到的,又称二进制小波变换。实际上,人们是在一定尺度上认识信号的。人的感官和物理仪器都有一定的分辨率,对低于一定尺度的信号的细节是无法认识的,因此对低于一定尺度信号的研究也是没有意义的。为此,应该将信号分解为对应不同尺度的近似分量和细节分量。小波分解的意义就在于能够在不同尺度上对信号进行分析,而且对不同尺度的选择可以根据不同的目的来确定。信号的近似分量一般为信号的低频分量,其细节分量一般为信号的高频分量。因此,对信号的小波分解可以等效于信号通过了一个滤波器组,其中一个滤波器为低通滤波器,另一个为高通滤波器。MATLAB 工具箱中的 dwt( )和 idwt( )函数可实现一维离散小波变换及其反变换,wavedec( )和 waverec( )用于一维信号的多层小波分解和多层重构等。

8.4　图像增强功能

图像增强是数字图像处理过程中常用的一种方法,目的是采用一系列技术去改善图像的视觉效果或将图像转换成一种更适合于人眼观察和机器自动分析的形式。常用的图像增强方法有灰度直方图均衡化、灰度变换法、平滑与锐化滤波、真彩色增强等几种。

8.4.1　灰度直方图均衡化

均匀量化的自然图像的灰度直方图通常在低灰度区间上频率较大,使得图像中较暗区域中的细节看不清楚。采用直方图修整可使原图像灰度集中的区域拉开或使灰度分布均匀,从而增大反差,使图像的细节清晰,达到增强目的。直方图均衡化可用 histeq( ) 函数实现。

● histeq

功能:

用柱状图均等化增强对比。

语法:

J = histeq(I,hgram)

J = histeq(I,n)

[J,T] = histeq(I,⋯)

举例:

I = imread('c:\4. jpg') ;

w = rgb2gray(I) ;

J = histeq(w) ;

imshow(I)

图 8-20

imshow(w)

figure, imshow(J)

图 8-21

图 8-22

imhist(w,64)

figure; imhist(J,64)

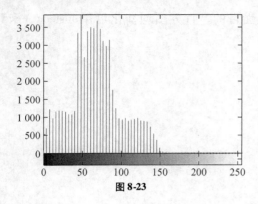

图 8-23

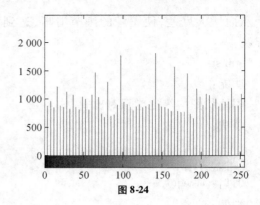

图 8-24

8.4.2　灰度变换法

照片或电子方法得到的图像,常表现出低对比度(即整个图像偏亮或偏暗),为此需要对图像中的每一像素的灰度级进行灰度变换,扩大图像灰度范围,以达到改善图像质量的目的。这一灰度调整过程可用 imadjust( )函数实现。

- imadjust

功能:

调整图像灰度值或颜色映像表。

语法:

J = imadjust(I,[low high],[bottom top],gamma)
newmap = imadjust(map,[low high],[bottom top],gamma)
RGB2 = imadjust(RGB1 ,…)

举例:

J = imadjust(w,[0.3 0.7],[ ]);
imshow(w)
figure, imshow(J)

图 8-25

图 8-26

- lily = imread('c:\4. jpg') ;colormap
imshow(lily)
j = imadjust(lily,[0 1],[1 0],1.5)
figure

subimage(j)

图 8-27

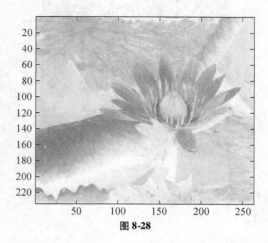

图 8-28

8.4.3 平滑与锐化滤波

平滑技术用于平滑图像中的噪声,基本采用在空间域上的求平均值或中值,或在频域上采取低通滤波。在灰度连续变化的图像中,通常认为与相邻像素灰度相差很大的突变点为噪声。灰度突变代表了一种高频分量,低通滤波则可以削弱图像的高频成分,平滑了图像信号,但也可能使图像目标区域的边界变得模糊。而锐化技术采用的是频域上的高通滤波方法,通过增强高频成分减少图像中的模糊,特别是模糊的边缘部分得到了增强,但同时也放大了图像的噪声。在 MATLAB 中,各种滤波方法都是在空间域中通过不同的卷积模板(即滤波算子)实现,可用 fspecial( ) 函数创建预定义的滤波算子,然后用 filter( ) 或 conv2( ) 函数在实现卷积运算的基础上进行滤波。

* wiener2

功能:

进行二维适应性去噪过滤处理。

语法:

J = wiener2(I,[m n],noise)

[J,noise] = wiener2(I,[m n])

举例:

I = imread('c:\4. jpg');

J = imnoise(w,'gaussian',0,0.005);

K = wiener2(J,[5 5]);

imshow(J)

figure, imshow(K)

图 8-29　　　　　　　　　　　　　　　　图 8-30

● 数字滤波器。

语法：

$y = filter2(b, x, 'shape')$

使用 filter2 滤波器，将一幅影像转换成一幅平面浮雕的影像。

```
clear
I = imread('c:\4.jpg');
I2 = rgb2gray(I);
J = filter2([10 20; -10 -20], I2, 'valid');
imshow(I2);
figure, imshow(J,[])
```

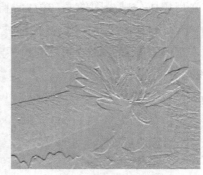

图 8-31　　　　　　　　　　　　　　　　图 8-32

8.4.4　真彩色增强

在彩色图像处理中，选择合适的彩色模式是很重要的。为在屏幕上显示彩色团一定要借用 RGB 模型，但 HIS 模型在许多处理中有其独特的优点。第一，在 HIS 模型中，亮度分量与色度分量是分不开的。第二，在 HIS 模型中，色调与饱和度的概念与人的感知是紧密相连的。下面调用 imfilter 函数对一幅真彩色图像使用二维滤波器进行滤波，相当于使用同一个二维滤波器对数据的每一个平面单独进行滤波。

```
rgb = imread('c:\4.jpg');
h = ones(5,5)/25;
```

```
rgb2 = imfilter(rgb,h);
figure (1)
imshow(rgb)
figure (2)
imshow(rgb2)
```

图 8-33   图 8-34

8.5   边缘检测和图像分割功能

边缘检测是一种重要的区域处理方法。边缘是所要提取目标和背景的分界线,提取出边缘才能将目标和背景区分开来。边缘检测是利用物体和背景在某种图像特性上的差异来实现的,这些差异包括灰度、颜色或者纹理特征。实际上,就是检测图像特性发生变化的位置。边缘检测包括两个基本内容:一是抽取出反映灰度变化的边缘点;二是剔除某些边界点或填补边界间断点,并将这些边缘连接成完整的线。如果一个像素落在边界上,那么它的邻域将成为一个灰度级变化地带。对这种变化最有用的两个特征是灰度的变化率和方向。边缘检测算子可以检查每个像素的邻域,并对灰度变化率进行量化,也包括对方向的确定,其中大多数是基于方向导数掩模求卷积的方法。MATLAB 工具箱提供的 edge( ) 函数可针对 sobel 算子、prewitt 算子、RobertS 算子、LoG 算子和 canny 算子实现检测边缘的功能。基于灰度的图像分割方法也可以用简单的 MATLAB 代码实现。

- 图像的边缘化处理。

I = imread('c:\2.jpg');w = rgb2gray(I);imshow(w)

图 8-35

```
h = edge( w, 'canny') ;
imshow( h)
```

图 8-36

除以上介绍的一些基本的图像处理功能外,还有许多基于数学形态学与二值图像的操作函数,如二值图像的膨胀运算 dilate( ) 函数、腐蚀运算 erode( ) 函数、种子填充功能 bwfill( )函数等。

本章总结

1. 采用 MATLAB 实现图像处理和分析,通过几条简单的 MATLAB 命令就可完成一大串高级计算机语言才能完成的任务,简洁明快。

2. 大多数图像处理模型是可以通过使用 MATLAB 的基本函数编程实现的。

3. 在图像分析处理中,注意调用 MATLAB 工具箱与函数的时机、参数、格式和技巧。

9

MATLAB 仿真与应用

Simulink 是一种以 MATLAB 为基础,对动态系统进行建模、仿真和分析的软件包。从字面上看,"Simulink"一词有两层含义,Simu 表明它可用于系统仿真,Link 表明它能进行系统连接。在该软件环境下,用户可以在屏幕上调用现成的模块,并将它们适当连接起来以构成系统的模型,即所谓的可视化建模。由于其功能强大、使用简单方便,已经成为应用最广泛的动态系统仿真软件。

9.1 Simulink 概述

9.1.1 Simulink 简介

Simulink 是 MATLAB 的重要组成部分,它是 MathWorks 公司开发的产品。Simulink 既适用于线性系统,也适用于非线性系统,既适用于连续系统,也适用于离散系统和连续与离散混合系统,既适用于定常系统,也适用于时变系统。

作为 MATLAB 的重要组成部分,Simulink 具有相对独立的功能和使用方法,它把 MATLAB 的许多功能都设计成一个个直观的功能模块,把需要的功能模块连接起来就可以实现需要的仿真功能。用户可以根据自己的需要设计自己的功能模块,也可以采用 Simulink 的功能模块函数库提供的各种功能模块;另外,用户还可以把一个具有许多复杂功能的模块群作为一个功能模块来使用。

Simulink 模块库内容十分丰富,除包括信号源模块库(Source)、输出模块库(Sinks)、连续系统模块库(Continuous)、离散系统模块库(Discrete)等许多标准模块外,用户还可以根据需要自己定制和创建模块。

当建立完系统的模型后,选择仿真参数和数值算法就可以启动仿真程序对该系统进行仿真。在仿真过程中,用户可以设置不同的输出方式来观察仿真结果。

9.1.2 Simulink 的启动与退出

在安装 MATLAB 的过程中,若选中了 Simulink 组件,在安装完 MATLAB 后,Simulink 也就安装完毕了。这里要注意,Simulink 不能独立运行,只能在 MATLAB 环境中进行。

1）Simulink 的启动

在 MATLAB 的命令窗口输入 Simulink 或单击 MATLAB 主窗口工具栏上的 Simulink 命令按钮均可启动 Simulink。Simulink 启动后会显示如图 9-1 所示的 Simulink 模块库浏览器（Simulink Library Browser）窗口。该窗口以树状列表的形式列出了各类模块库，单击所需要的模块，列表窗口的上方会显示所选模块的信息，也可以在模块库浏览器窗口的输入栏中直接输入模块名并进行查询。

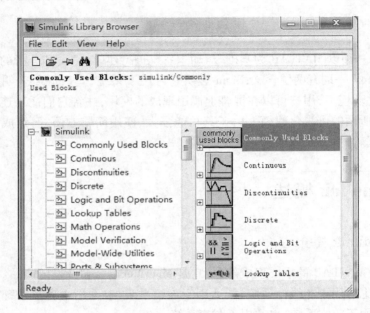

图 9-1　Simulink 模块库浏览器

在启动 Simulink 模块库浏览器后，单击工具栏中的 Create a new model 命令按钮，即会弹出名为 untitled 的模型编辑窗口，如图 9-2 所示。在 MATLAB 主菜单中，选择 File 菜单中的 New 子菜单的 Model 命令，也可打开模型编辑窗口。利用模型编辑窗口，可以通过鼠标的拖放操作创建一个模型。

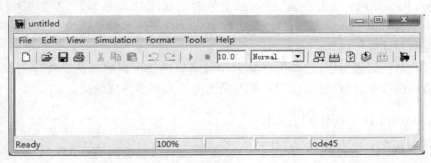

图 9-2　模型编辑窗口

模型创建完成后,从模型编辑窗口中的 File 菜单中选择 Save 或 Save As 命令,可以将模型以模型文件的格式(扩展名为.mdl)存入磁盘。

如果需要对一个已经存在的模型文件进行编辑修改,需要打开该模型文件。方法是:在 MATLAB 命令窗口直接输入模型文件名(不需要加扩展名.mdl),这要求该文件在当前目录下或在已定义的搜索路径中。在模型库浏览器窗口或模型编辑窗口的 File 菜单中选择 Open 命令,然后选择或输入欲编辑模型的名字,也能打开已经存在的模型文件。

2)Simulink 的退出

若想退出 Simulink,只要关闭所有模型编辑窗口和 Simulink 模块库浏览器窗口即可。

9.2 功能模块函数库介绍

Simulink 的模块库中提供了大量用于各种应用范畴的模块,但各类模块的基本类型是一样的。

Simulink 模块库的内容十分丰富,它包括:

- Commonly Used Blocks 模块库:提供一些常用的仿真模块。
- Continuous 模块库:为仿真提供连续的线性元件。
- Discontinuities 模块库:为仿真提供一些不连续的非线性的模块。
- Discrete 模块库:为仿真提供常用的离散仿真模块。
- Logic and Bit Operations 模块库:为仿真提供一些常见的逻辑运算和位运算模块。
- Lookup Tables 模块库:为仿真提供一些常见的查找表模块。
- Math 模块库:为仿真提供数学运算功能元件。
- Model Verification 模块库:提供一些信号检查或者模型检测的模块。
- Model-Wide Utilities 模块库:为仿真提供一些公共的文本或信息显示模块。
- Ports & Subsystems 模块库:为仿真提供子系统端口和模块。
- Signal Attributes 模块库:为仿真提供常用的数据类型转换的模块。
- Signal Routing 模块库:为仿真提供信号和数据操作模块。
- Sinks 模块库:提供输出设备元件。
- Sources 模块库:为仿真提供各种信号源。
- User-Defined Functions 模块库:为仿真提供用户自定义函数的模块。
- Function & Tables 模块库:为仿真提供特定的功能函数。
- Additional Math & Discrete 模块库:提供附加的数学和离散模块。

双击它们中的任何一个图标就可以打开相应的子模块函数库。

9.2.1 输入源模块

双击 Sources 模块库,会看到输入源模块库中的各类模块,如图 9-3 所示。表 9-1 简要介绍了输入源模块的功能。

表 9-1　**Sources 模块函数库及功能**

模块名称	功　　能
Band-Limited White Noise	产生有限带宽的白噪声
Chir – p Signal	产生频率与时间成正比的信号
Clock	提供系统的时间
Constant	产生固定的常数量
Counter Free-Running	提供一个自动归零的计数器
Counter Limited	提供一个归零后输出上限的计数器
Digital Clock	在固定的时间间隔中产生模拟的时钟
From File	从文件输入数据
From Workspace	从 MATLAB 的工作区中输入数据
Ground	使输入接口接地
In1	给一个子系统产生一个输入接口
Pulse Generator	产生脉冲信号
Ramp	产生斜坡信号
Random Number	产生随机数
Repeating Sequence	产生锯齿波信号
Repeating Sequence Interpolated	重复离散时间输出
Repeating Sequence Stair	产生重复锯齿波信号
Signal Builder	图形界面的信号产生器
Signal Generator	信号生成器
Sine Wave	产生正弦波信号
Step	产生阶跃输入
Uniform Random Number	产生正态分布的随机数

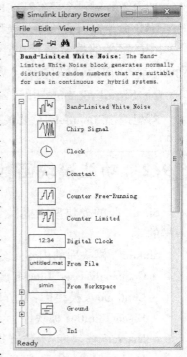

图 9-3　输入源模块库

9.2.2　接收模块

双击 Sinks 模块库，可以看到接收模块的种类，如图 9-4 所示。表 9-2 中简单介绍了接收模块的功能。

表 9-2　**Sinks 模块函数库**

模块名称	功　　能
Display	显示输入的数值
Floating Scope	浮动的示波器输出
Out$_1$	给一个子系统产生一个输出接口
scope	示波器输出
Stop Simulation	停止仿真
Terminator	终止一个悬空的输出接口
To File	写入文件
To Workspace	写稿到 MATLAB 的工作区
XY Graph	实现二维图形

图 9-4　接收源模块库

9.2.3 连续系统模块

双击 Continuous 模块库,可以看到连续系统模块的种类,如图 9-5 所示。表 9-3 中简单介绍了连续系统模块的功能。

表 9-3   Continuous 模块函数库

模块名称	功 能
Derivative	微分环节
Integrator	积分环节
State-Space	状态方程
Transfer Fcn	传递函数
Transport Delay	把前一步的输入延时后输出
Variable Transport Delay	按第二个输入指定的时间将第一个输入延时
Zero-Pole	零极点模型

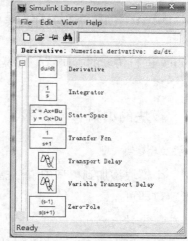

图 9-5 连续系统模块库

9.2.4 数学运算模块

双击 Math 模块库,可以看到数学运算模块的种类,如图 9-6 所示。表 9-4 中简单介绍了数学运算模块的功能。

表 9-4   Math 模块函数库

模块名称	功 能
Abs	求绝对值或复数的值
Add	求和运算
Algebraic Constraint	代数约束
Assignment	分配
Bias	输入偏移
Complex to Magnitude-Angle	求复数的模和辐角
Complex to Real-Imag	求复数的实部和虚部
Dot Product	求点积
Divide	对输入求商
Gain	常量增益
Magnitude-Angle to Complex	根据复数的模和辐角求复数
Math Function	数学运算函数
Matrix Concatenation	矩阵增益
MinMax	求最大值或最小值
MinMax Running Resettable	输出最大值或最小值后复位
Polynomial	多项式
Product	对输入求积和商
Product of Elements	对元素求积或商
Real-Imag to Complex	根据实部和虚部求复数
Relational	关系运算
Rounding Function	取整函数
Sign	符号函数
Sine Wave Function	正弦波函数
Subtract	对信号进行加法或减法运算
Slider Gain	可以用滑动条来改变增益
Sum	对输入求代数和
Sum of Elements	求和
Trigonometric Function	三角函数或双曲函数
Unary Minus	减去一个信号
Weighted Sample Time Math	对采样时间进行加权操作

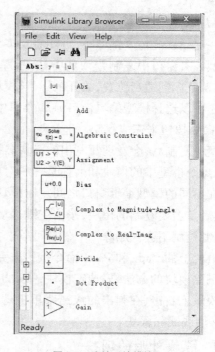

图 9-6 连续系统模块库

除了以上几种常用的模块外,还有离散系统模块、信号与系统模块等。用户如果想了解函数库中的每个功能模块,可以右键单击相应模块。

9.3 Simulink 模块的操作

Simulink 进行仿真的本质就是用模块构成模型,因此,模块操作是 Simulink 仿真中十分重要的一个环节。

9.3.1 模块的编辑

1)添加模块

要把一个模块添加到模型中,首先要在 Simulink 模块库中找到该模块,然后将这个模块拖入模型窗口即可。

2)选取模块

要在模型编辑窗口中选择单个模块,只要用鼠标在模块上单击即可,这时模块的角上出现黑色的小方块,拖动这些小方块可以改变模块的大小。若要选取多个模块,可以在所有模块所占区域的一角按下鼠标左键不放,拖向该区域的对角,在此过程会出现虚框,当虚框包住了要选的所有模块后,放开鼠标左键,这时在所有被选模块的角上出现小黑块,表示模块都被选中了。

3)复制与删除模块

在建立系统仿真模型时,可能需要多个相同的模块,这时可采用模块复制的方法。在同一模型编辑窗口中复制模块的方法是:单击要复制的模块,按住鼠标左键并同时按下 Ctrl 键,移动鼠标到适当位置,放开鼠标,该模块就被复制到当前位置。

还可以选择模型编辑窗口 Edit 菜单中的 Copy 和 Paste 命令或单击工具栏上的 Copy 和 Paste 命令按钮来完成复制。

模块复制后,会发现复制出的模块名称在原名称的基础上又加了编号,这是 Simulink 的约定,每个模型中的模块和名称是一一对应的,每一个模块都有不同的名字。

在不同的模型编辑窗口之间复制模块的方法是:首先打开源模块和目标模块所在的窗口,然后单击要复制的模块,按住左键移动鼠标到相应窗口,然后释放,该模块就会被复制过来,而源模块不会被删除。当然还可以选择模型窗口 Edit 菜单中的 Copy 和 Paste 命令或单击工具栏上的 Copy 和 Paste 命令按钮来完成复制。

删除模块的方法是:选定模块,按 Delete 键或选择 Edit 菜单中的 Cut 或 Delete 命令。或者在模块上右击,在弹出的快捷菜单上选择 Cut 或 Delete 命令。Cut 删除模块送到剪贴板,Delete 彻底删除模块。

4)模块外形的调整

要改变单个模块的大小,首先应该选中该模块,用鼠标左键点住其周围的四个黑方块中的任何一个并拖动,这时会出现一个虚线的矩形表示新模块的大小,到需要的位置后释放鼠标即可。

若要改变整个模型中所有模块的大小,可以打开模型编辑窗口中的 View 菜单,Zoom In 和 Zoom Out 命令分别用来放大和缩小整个模型,Fit Selection To View 命令用来将当前选中的模块或当前系统放大到整个窗口大小来观察,Normal 用来将整个模型恢复到原始的正常大小。

要调整模块的方向,首先应选定模块,然后选择模型编辑窗口 Format 菜单中的 Rotate Block 命令使模块顺时针方向旋转 90°,选择 Flip Block 命令使模块旋转 180°。显然两次旋转 90°与一次旋转 180°的操作效果是一样的。

要改变模块的颜色,首先选定模块,然后通过 Format 菜单中的 Foreground Color 命令选择模块的前景色,即模块的图标、边框和模块名的颜色,使模块产生阴影效果。通过 Format 菜单中的 Background Color 命令选择模块的背景色,即模块的背景填充色。Format 菜单中的 Screen Color 命令用来改变模型的背景色。

要给模块加阴影,首先应选定模块,然后选择 Format 菜单中的 Show Drop Shadow 命令,使模块产生阴影效果。

5)模块间连线

当设置好各个模块后,还需要把它们按照一定的顺序连接起来才能组成一个完整的系统模型。

(1)连接两个模块

这是最基本的情况,从一个模块的输出端连接到另一个模块的输入端。方法是先移动鼠标到输出端,鼠标的箭头会变成十字光标,这时按住鼠标左键不放,拖动鼠标到另一个模块的输入端,当十字形光标出现"重影"时,释放鼠标即可完成连接。如果两个模块不在同一个水平线上,连线是一条折线。两个模块的连接效果如图 9-7 所示。

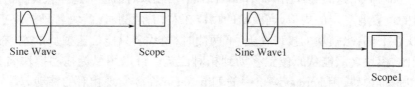

图 9-7 两个模块的连接

(2)模块间连线的调整

单击连线选中该连线,这时会看到线上的一些黑色小方块,这些是连线的关键点。在关键点按住鼠标左键不放,拖动鼠标即可改变连线的走向。

(3)连线的分支

在仿真过程中,经常需要把一个信号输送到不同的模块,这时就需要从一根连线分出一根连线。对于分支结构的连线,可以先连好一条线,把鼠标移到直线的起点位置,再按下 Ctrl 键,然后按住鼠标左键不放,将连线拖动到目标模块,释放鼠标和 Ctrl 键即可。连接方法如图 9-8 所示。

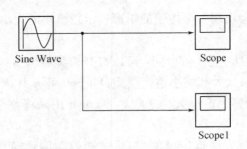

图9-8 分支结构的连线

（4）标注连线

为了使模型更加直观、可读性更强，可以为传输的信号做标记。建立信号标记的办法是：双击某一条连线，可以打开一个文本框，在文本框内输入标注文字，按 Esc 键确定，并且可以将这个文本框拖动到合适的位置。标注方法如图9-9 所示。

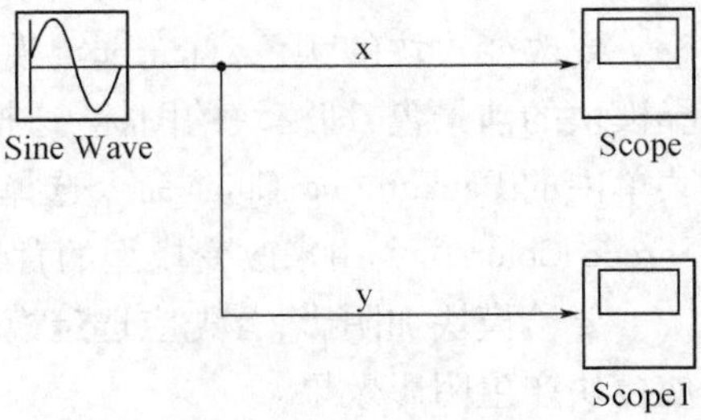

（5）删除连线

若要删除某个连线，可单击该连线，然后单击 Cut 命令或按 Delete 键即可。

图9-9 连线的标注

6）模块名的处理

要隐藏模块名，首先应选定模块，然后选择 Format 菜单中的 Hide Name 命令，模块名就会被隐藏，同时 Hide Name 改为 Show Name。选择 Show Name 命令就会使模块隐藏的名字显示出来。

要修改模块名，可单击模块名的区域，这时会在此处出现编辑状态的光标，在这种状态下能够对模块名随意修改。模块名和模块图标中的字体也可以更改，方法是选定模块，在 Format 菜单中选择 Font 命令，这时会弹出 Set Font 对话框，可在该对话框中选择想要的字体。

模块名的位置有一定的规律，当模块的接口在左、右两侧时，模块名只能位于模块的上、下两侧，默认在下侧；当模块的接口在上、下两侧时，模块名只能位于模块的左、右两侧，默认在左侧。因此，模块名只能从原位置移动到相对位置。可以用鼠标拖动模块名到其相对的位置；也可以选定模块，用 Format 菜单中的 Flip Name 命令实现相对的移动。

9.3.2　模块的参数和属性设置

1）模块参数的设置

仿真参数的设置可以对仿真的环境进行调整，使仿真过程更快，仿真结果更加准确。选中要设置参数的模块，选择 Simulation 中的 Configuration Parameters 命令，打开仿真的环境参数对话框，如图9-10 所示。

此对话框左边呈树形列表状，分为七大项，分别是 Solver、Data Import/Export、Optimization、Diagnostics、Hardware Implementation、Model Referencing、Real-Time Workshop。在仿真中，一般常用的是前面两个。

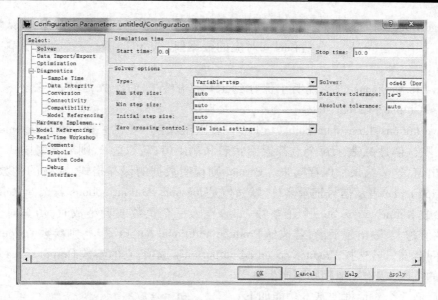

图 9-10 仿真环境参数对话框

（1）Solver：Solver 的参数设置要根据仿真的具体内容而定，以便 Simulink 能够得到最好的结果。Solver 对话框如图 9-10 所示，其中参数设置主要包括：Simulation time、Solver Options。

① Simulation time 栏：用来设置仿真的起始时间和终止时间。

② Solver Options 栏：Type 下拉列表框给出仿真过程中的两种算法，即变步长算法和固定步长算法。变步长能够在仿真的过程中自动调整步长大小，以满足允许误差的设置和零跨越的需要，固定步长则不能。其他几个选项都是针对这两种类型而设置的具体的参数限定。

（2）Data Import/Export：Data Import/Export 对话框如图 9-11 所示，分为三栏：Load from workspace、Save to workspace、Save options。这个对话框的主要任务是设置参数来处理数据的输入和输出。

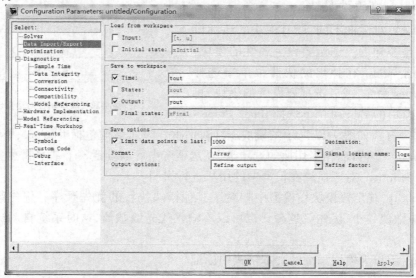

图 9-11 Data Import/Export 对话框

① Load from workspace 栏：Input 复选框说明了从工作区得到的输入数据，默认情况是两个列向量：一个是时间，另一个是和时间对应的数据值。Initial state 复选框说明输入数据的输入和输出。

② Save to workspace 栏：说明了保存到工作区的数据的参数，有四个复选框，分别是Time、States、Output 和 Final states。

③ Save options：Limit data points to last 设置限定保存数据的采样个数。Decimation 为降频的程度，默认值是 1，表示每个点都返回状态和输出值；若设为 2，则表示每隔 2 个点返回状态与输出值，这些结果都保存起来。Format 则说明数据的保存格式，缺省的是数组形式。Signal logging name 表示信号记录名称，默认值是 logsout。Output options 若选择 Refine output 选项，则参数 Refine factor 为一个正整数，如果输入一个负数或者小数时，仿真时会显示错误，这个数值越大，输出越平滑；若选择 Produce additional output 选项，则参数 Output times 规定一个时间范围。若选择 Produce specified output only 选项，它的参数 Output times 则规定了产生输出的范围，超出了范围则不产生输出。

（3）后面 5 个对话框的基本功能如下：

① Optimization：对仿真和仿真的代码进行优化。

② Diagnostics：在调试仿真程序时，如果仿真程序中有错误则警告和提示出错。

③ Hardware Implementation：对系统的硬件类型、常用数值和字符占用的字节进行设置。

④ Model Referencing：设置参考模型。

⑤ Real-Time Workshop：设置参数初始化和控制仿真程序代码的生成。

2）模块属性的设置

与参数设置对话框不同，所有模块的属性设置对话框都是一样的。选定要设置属性的模块，然后在模块上右击，在弹出的快捷菜单中选择 Block Properties 命令，或者选择要设置的模块，再在模型编辑窗口的 Edit 菜单下选择 Block Proper-

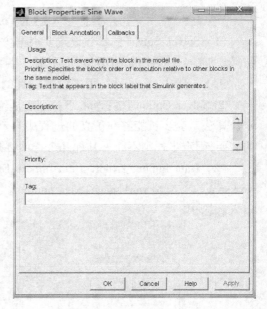

图 9-12　模块属性对话框

ties 命令，均可打开如图 9-12 所示的模块属性对话框。该对话框包括 General、Block Annotation 和 Callbacks3 个可以相互切换的选项卡，在选项卡中可以设置 3 个基本属性。

（1）Description：对该模块在模型中的用法进行说明。

（2）Priority：规定该模块在模型中相对于其他模块执行的优先顺序。优先级的数值必须是整数，该数值越小，优先级越高。也可以不输入优先级数值，这时系统自动选取合适的优先级。

（3）Tag：用户为模块添加的文本格式的标记。

9.4 Simulink 建模与仿真

Simulink 为用户提供了大量现成的功能模块,可以让用户方便地实现各种仿真功能,并且用户还可以自定义模块。这些仿真模型在视觉上表现为直观的方框图,在文件上则是扩展名为.mdl 的 ASCII 代码。从宏观的角度来看,Simulink 模型通常包含了三类模块:信源(Source)、系统(System)和信宿(Sink)。

1) 模型编辑窗口

在 MATLAB 主窗口 File 菜单中选择 New 菜单项下的 Model 命令,在出现 Simulink 模块库浏览器的同时,会出现一个名字为 untitledr 的模型编辑窗口。在启动 Simulink 模块库浏览器后,单击其工具栏中的"Create a new model"按钮,也会弹出模型编辑窗口,其默认为白色背景。

2) 建立模型

Simulink 模型是通过用线将各种功能模块相连接而构成的,建立一个模型后,就可以对模块进行操作和 Simulink 线的处理。

模块的操作包括模块的选取、模块的移动、复制、删除、转向、改变大小、模块命名、颜色设定、参数设定、属性设定、模块输入/输出信号等。

【例 9-1】 建立一个 Simulink 模型,用示波器表示一组正弦信号及其积分变换。

方法如下:

打开所对应的模块库,选中模块,按住鼠标左键并将其拖曳到模型窗口中进行处理。根据题意,首先从信号源模块中选取正弦信号模块,如图 9-13 所示。在模型窗口中,选中模块,此时可以对模块进行以下基本操作。

(1) 移动:选中模块,按住鼠标左键并将其拖曳到所需的位置,也可以按住 Shift 键,再进行拖曳。

(2) 复制:选中模块,按住鼠标右键进行拖曳,即可复制一个同样的功能模块。

图 9-13 选取正弦模块

(3) 删除:选中模块,按 Delete 键即可。若要删除多个模块,可以按住 Shift 键,同时用鼠标选中多个模块,然后按 Delete 键即可。也可以用鼠标选取某个区域,再按 Delete 键就可以把该区域中的所有模块和线等全部删除。

(4) 转向:为了能顺序连接功能模块的输入端和输出端,功能模块有时需要转向。在菜单 Format 中 Flip Block 命令旋转180°,选择 Rotate Block 命令顺时针旋转90°。或者直接按

Ctrl + I 键执行 Flip Block 命令, 按 Ctrl + R 键执行 Rotate Block 命令。

（5）改变大小:选中模块,对模块出现的 4 个黑色标记进行拖曳即可。

（6）模块命名:先单击需要更改的名称,然后直接更改。名称在功能模块上的位置也可以变换 180°,可以由 Format 菜单中的 Flip Name 命令来实现,也可以直接通过鼠标进行拖曳。Hide Name 命令可以隐藏模块名称。

（7）颜色设定:Format 菜单中的 Foreground Color 命令可以改变模块的前景模块,Background Color 命令可以改变模块的背景颜色;而模型窗口的颜色可以通过 Screen Color 命令来改变。

（8）参数设定:双击模块,就可以进入模块的参数设定窗口,从而对模块进行参数设定。参数设定窗口包含了该模块的基本功能。为获得更详尽的帮助,可以单击其上的"Help"按钮。通过对模块进行参数设定,就可以获得需要的功能模块。如图 9-14 所示,在本例题中需要选择两个正弦信号,用一个正弦模块表示,多个信号的参数用数组矩阵表示,设定两个信号的幅值和相位分别为[1 2]和[1 3]。

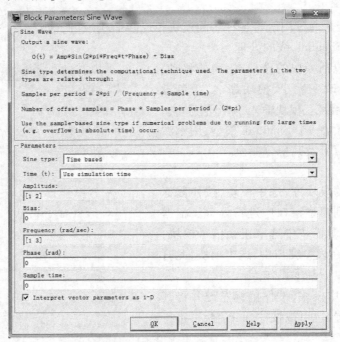

图 9-14　正弦信号参数设置对话框

（9）属性设定:选中模块,打开 Edit 菜单的模块属性设置对话框可以对模块进行属性设定,包括 Description 属性、Priority 优先级属性、Tag 属性、Block Annotation 属性和 Callbacks 属性,如图 9-15 所示。

（10）模块的输入、输出信号:模块处理的信号包括标量信号和向量信号;标量信号是一种单一信号,而向量信号是多个信号的集合。在默认情况下,大多数模块的输出都为标量信号。对于输入信号,模块都具有一种"智能"的识别功能,能自动进行匹配。

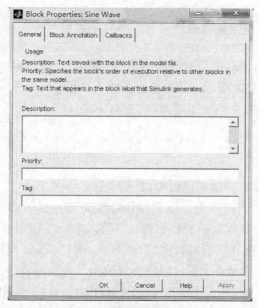

图 9-15　模块属性设置对话框

　　设定好正弦信号模块后,再分别从连续模块里选取积分模块,从输出源模块库里选取示波器;如果用示波器表示一系列的信号波形,则再从信号路径模块库里选取信号分配模块。用鼠标在功能模块的输入与输出之间直接连线,即得到本例的仿真模型图,如图 9-16 所示。并且,所画的线可以改变精细度并设定标签,也可以把线折弯、分支。

　　完成模型的建立后,采取默认的仿真参数,仿真后得到系统的输出波形,如图 9-16 所示。

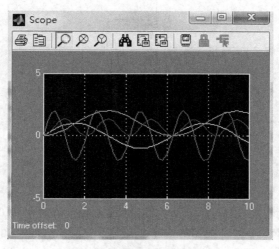

图 9-16　仿真后系统的输出波形

9.5 Simulink 建模实例

Simulink 仿真的应用领域很广泛,如应用于数字电路、数字信号处理、通信仿真等许多领域,本节通过一些实例来说明 Simulink 仿真的强大功能。

【**例9-2**】 利用 Simulink 仿真下列曲线,设 $\omega = 2\pi$。

$$x(\omega t) = \sin\omega t + \frac{1}{3}\sin3\omega t + \frac{1}{5}\sin5\omega t + \frac{1}{7}\sin7\omega t + \frac{1}{9}\sin9\omega t.$$

仿真过程如下:

(1)启动 Simulink 并打开模型编辑窗口。

(2)将所需模块添加到模型中。单击模块库浏览器中的 Source,在右边窗口找到 Sine Wave 模块,然后用鼠标将其拖到模型编辑窗口,再复制四个,得到五个正弦源。同样在 Math Operations 中把 Add 模块拖到模型编辑窗口,在 Sinks 中把 Scope 模块拖到模型编辑窗口。

(3)设置模块参数并连接各个模块组成仿真模型。先双击各个正弦源,打开其 Block Parametes 对话框,分别设置 Frequency 为 2 * pi、6 * pi、10 * pi、14 * pi、18 * pi,设置 Amplitude 为 1、1/3、1/5、1/7、1/9,其余参数不变。对于求和模块,将符号列表 List of signs 设置为 +++++。

设置模块参数后,用连线将各个模块连接起来组成仿真模型,如图 9-17 所示。

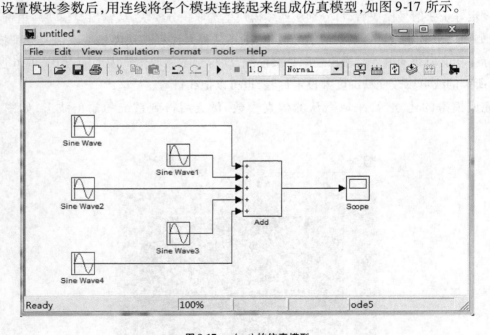

图 9-17 $x(\omega t)$ 的仿真模型

(4)设置系统仿真参数。单击模型编辑窗口 Simulink 菜单中的 Configuration Parameters 命令,打开仿真参数设置对话框,选择 Solver 选项卡。在 Start time 和 Stop time 两个编辑框内分别设置起始时间为 0,停止时间为 1 秒。把算法选择中的 Type 设为 Fixed – step,并在其右栏的具体算法框选择 ode5,即 5 阶 Runge – Kutta 算法,再把 Fixed step size 设置为 0.001秒。

（5）开始系统仿真。单击模型编辑窗口中的 Start simulation ▶ 按钮或选择模型编辑窗口 Simulink 菜单中的 Start 命令开始系统仿真。

（6）观察仿真结果。系统仿真后,双击仿真模型中的示波器模块,得到仿真结果。单击示波器窗口工具栏上的 Autoscale 🏥 按钮,可以自动调整坐标来使波形刚好完整显示,这时的波形如图 9-18 所示,显然这是由 5 次谐波合成的方波。

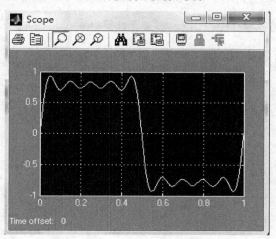

图 9-18 $x(\omega t)$ 的仿真结果

仿真输出结果还有其他一些输出方式,如使用 Display 模块可以显示输出数值。

【例 9-3】   利用 Simulink 仿真求 $I = \int_0^1 x\ln(1 + x)\,\mathrm{d}x$。

仿真过程如下:

（1）启动 Simulink 并打开模型编辑窗口。

（2）将所需模块添加到模型中。

（3）设置模块参数并连接各个模块组成仿真模型。双击 Function Block Parameters:Fcn 对话框,在 Expression 文本框中输入 u * log(1 + u),其余模块参数不用设置。

设置模块参数后,用连线将各个模块连接起来组成仿真模型,如图 9-19 所示。

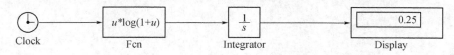

图 9-19   求解积分的模型

（4）设置系统仿真参数,开始系统仿真。

（5）观察仿真结果。系统仿真结束后,显示模块 Display 显示仿真结果为 0.25。

通过以上的实例,可以总结出用 Simulink 进行系统仿真的步骤如下:

（1）建立系统仿真模型,包括添加模块、设置模块参数及进行模块连接等操作。

（2）设置仿真参数,包括确定仿真起止时间、选择仿真算法等操作。

（3）启动仿真并分析仿真结果。

思考与练习

1. Simulink 的主要功能是什么？利用 Simulink 进行系统仿真的主要步骤有哪些？

2. 设计一个矩形波和正弦波相加的仿真程序。

3. 对正弦波进行取绝对值运算的仿真。

4. 利用 Simulink 仿真 $x(t) = \dfrac{8A}{\pi^2}\left(\cos\omega t + \dfrac{1}{9}\cos 3\omega t + \dfrac{1}{25}\cos 5\omega t\right)$，取 $A = 1$，$\omega = 2\pi$。

5. 通过仿真实现动态画圆。

参 考 文 献

［1］ 张圣勤.MATLAB7.0 实用教程.北京:机械工业出版社,2012.1.

［2］ 刘国良,杨成慧.MATLAB 程序设计基础教程.西安:西安电子科技大学出版社, 2012.8.

［3］ 刘卫国.MATLAB 程序设计教程.北京:中国水利水电出版社,2010.2.

［4］ 张德喜,赵磊生.MATLAB 语言程序设计教程.北京:中国铁道出版社,2010.9.

［5］ 陈怀琛.MATLAB 及其在理工课程中的应用指南.西安:西安电子科技大学出版社, 2007.7.

［6］ 苏金明,阮沈勇.MATLAB 实用教程.北京:电子工业出版社,2008.2.

［7］ 王正林.MATLAB/Simulink 与控制系统仿真.北京:电子工业出版社,2012.1.

［8］ 杨丹,赵海滨.MATLAB 图像处理实例详解.北京:清华大学出版社,2013.7.

［9］ 王嘉梅.基于 MATLAB 的数字信号处理与实践开发.西安:西安电子科技大学出版 社,2007.12.

［10］ 徐明远,邵玉斌.MATLAB 仿真在通信与电子工程中的应用.西安:西安电子科技大学 出版社,2010.5.